Winfried Scharlau

Schulwissen Mathematik: Ein Überblick

Was ein Studienanfänger
von der Mathematik wissen sollte

Winfried Scharlau

Schulwissen Mathematik: Ein Überblick

Was ein Studienanfänger
von der Mathematik wissen sollte

Mit 100 Abbildungen

Prof. Dr. Winfried Scharlau
Westfälische Wilhelms-Universität Münster
Mathematisches Institut
Einsteinstraße 62
48149 Münster
scharla@math.uni-muenster.de

Die Deutsche Bibliothek – CIP-Einheitsaufnahme

Scharlau, Winfried:
Schulwissen Mathematik: ein Überblick; was ein
Studienanfänger von der Mathematik wissen sollte. –
Braunschweig; Wiesbaden: Vieweg, 1994

ISBN 978-3-528-06541-6   ISBN 978-3-322-87604-1 (eBook)
DOI 10.1007/978-3-322-87604-1

Gedruckt auf säurefreiem Papier

ISBN 978-3-528-06541-6

Inhaltsverzeichnis

Vorwort

Dieses Büchlein enthält, was meines Erachtens jeder zum Abschluß der höheren Schule und Beginn des Studiums von der Mathematik wissen sollte. Zweifellos läßt sich darüber streiten, was zum unverzichtbaren Basiswissen gehört oder gehören sollte. Die von mir getroffene - eher konservative - Stoffauswahl ist sicher subjektiv und wird vermutlich auf Zustimmung ebenso stoßen wie auch auf Kritik. Ich denke jedoch, daß der Text ungefähr das enthält, was von Studienanfängern in natur-, ingenieur- und wirtschaftswissenschaftlichen Fächern erwartet wird. Es ist also primär nicht für (zukünftige) Studierende der Mathematik geschrieben, kann aber vielleicht auch für diese als „Vorkurs" dienen.

Das Buch wird sich kaum als Lehrbuch eignen. Es ist zum Wiederholen gedacht oder zum Nachschlagen eines Begriffes, Satzes oder mathematischen Zusammenhanges, an den man sich erinnert, den man aber im Laufe der Zeit vergessen hat. Es könnte auch als Leitfaden und Wegweiser für einen gründlicheren Wiederholungs-, Brücken- oder Ergänzungskurs dienen, sei es im Selbststudium, sei es unter Anleitung.

Vermutlich (und hoffentlich) wird mancher überrascht sein, wie *wenig* das Buch enthält, obwohl es im Prinzip den gesamten Schulstoff umfaßt. Es beschränkt sich wirklich auf die Grundbegriffe. Es gibt weder komplizierte Formeln, noch längere Rechnungen in dem Buch, keinen logischen oder mengentheoretischen Ballast, nicht einmal das Summenzeichen wird benötigt. Ich hoffe, daß schon vom Schriftbild der Text einfacher und zugänglicher aussieht als jedes Schulbuch. Tatsächlich ist dies die Botschaft, die ich vermitteln möchte: *Die Grundbegriffe und -tatsachen der Mathematik sind einfach.* Was in diesem Buch steht, ist nicht so kompliziert wie die deutsche Grammatik, reicht nicht an die Stofffülle etwa eines Leistungskurses Biologie heran, ist nicht abstrakter als eine Einführung in die Informatik und erfordert weniger explizite Rechnungen als der Physikstoff der Oberstufe.

Ich danke Frau M. Ahrens, Frau E. Becker und Herrn F. Mausz sehr herzlich für die Erstellung der Druckvorlage und die Anfertigung der Abbildungen.

Münster, den 12.8.1993   Winfried Scharlau

1 Zahlen und Rechnen mit Zahlen

1.1 Natürliche Zahlen

Die *natürlichen Zahlen*

$$1, 2, 3, 4, \ldots$$

benutzt man zum „Zählen", d. h. zum „Messen" von endlichen Mengen:
3 Äpfel, 26 Autos, 421 Bücher, 12 Apostel.

Sie sind der Größe nach *geordnet*: 1 ist *kleiner* als 2, und 3 ist *größer*
als 2.

Die Rechenoperationen *Addition* und *Multiplikation* können für natürliche Zahlen unbegrenzt ausgeführt werden. Es gelten die bekannten Rechenregeln, z. B. $3 + 5 = 5 + 3$ oder $7 \cdot 11 = 11 \cdot 7$, usw.

Darüber, ob die *Null* 0 auch zu den natürlichen Zahlen gehört, besteht
keine Einigkeit. In diesem Buch verstehen wir 0 nicht als natürliche Zahl.
Die „Menge" der natürlichen Zahlen wird mit $\mathbb{N}$ bezeichnet

$$\mathbb{N} = \{1, 2, 3, 4, \ldots\}.$$

Es ist zweckmäßig, eine Bezeichnung für die natürlichen Zahlen einschließ-
lich der 0 zu haben. Oft wird dafür folgendes Symbol benutzt

$$\mathbb{N}_0 = \{0, 1, 2, \ldots\}.$$

Verschiedene „Klassen" von natürlichen Zahlen spielen eine besondere
Rolle: *Gerade* natürliche Zahlen sind die Vielfachen von 2:

$$2, 4, 6, 8, \ldots$$

Ungerade natürliche Zahlen sind alle anderen, also

$$1, 3, 5, 7, \ldots$$

Primzahlen sind Zahlen größer als 1, die nur durch 1 und sich selbst teilbar
sind. Es sind die Zahlen

$$2, 3, 5, 7, 11, 13, \ldots$$

1 ist keine Primzahl. Es gibt unendlich viele Primzahlen, d. h. es gibt keine größte Primzahl, d. h. zu jeder Primzahl gibt es eine noch größere. 2 ist die einzige gerade Primzahl.

Jede Zahl ist in ein Produkt von Primzahlen zerlegbar:

$$100 = 2 \cdot 2 \cdot 5 \cdot 5 \, , \quad 1111 = 11 \cdot 101 \, , \quad 546 = 2 \cdot 3 \cdot 7 \cdot 13 \, .$$

Diese Zerlegung ist eindeutig bis auf Reihenfolge der Faktoren.

Quadratzahlen sind

$$1, 4, 9, 16, 25, 36, \ldots$$

also die Zahlen, die durch Multiplikation einer Zahl mit sich selbst entstehen.

Mit den natürlichen Zahlen kann man allerhand Spielchen treiben. Addiert man z. B. alle ungeraden Zahlen bis zu einer bestimmten, so erhält man immer eine Quadratzahl.

$$\begin{aligned}
1+3 &= 4 \\
1+3+5 &= 9 \\
1+3+5+7 &= 16
\end{aligned}$$

usw. Das sieht man so

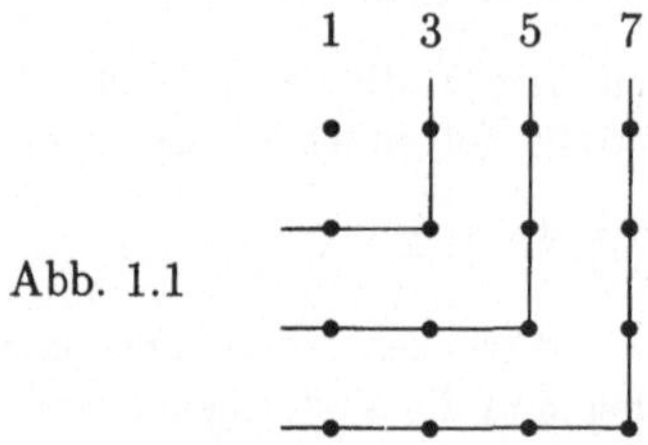

Abb. 1.1

1.2   Ganze Zahlen

In den natürlichen Zahlen ist die Subtraktion nicht unbegrenzt ausführbar: $3 - 5$ ist keine natürliche Zahl. Deshalb werden die natürlichen Zahlen zu den *ganzen Zahlen* erweitert

$$\ldots, -3, -2, -1, 0, 1, 2, 3, 4, \ldots$$

Die ganzen Zahlen umfassen die natürlichen Zahlen, die *negativen* der natürlichen Zahlen und die Null. Die „Menge" der ganzen Zahlen wird mit $\mathbb{Z}$ bezeichnet

$$\mathbb{Z} = \{\ldots, -2, -1, 0, 1, 2, 3, \ldots\}.$$

Auch die ganzen Zahlen sind der Größe nach geordnet. Die Rechenoperationen *Addition*, *Subtraktion* und *Multiplikation* können mit ganzen Zahlen unbegrenzt ausgeführt werden. Es gelten die bekannten Rechenregeln, z.B. $(3-5)7 = 3 \cdot 7 - 5 \cdot 7$. Eine wichtige Rechenregel ist „minus $\times$ minus = plus" :

$$(-2)(-10) = 2 \cdot 10 , \quad -(-7) = 7 .$$

1.3   Rationale Zahlen

In den ganzen Zahlen ist die *Division* nicht unbegrenzt ausführbar: manchmal „geht eine Division auf"

$$35 : 7 = 5,$$

meistens aber nicht: $5 : 3$ ist keine ganze Zahl. Deshalb erweitert man die ganzen Zahlen zu den *rationalen Zahlen* . Rationale Zahlen sind alle *Brüche*, also alle Zahlen der Form wie

$$\frac{3}{7}, \ \frac{-4}{8}, \ \frac{3}{1}, \ \frac{6}{2}, \ \frac{17}{4}, \ \frac{14}{21} .$$

(Aus drucktechnischen Gründen benutzt man oft einen schrägen Bruchstrich $3/7, -4/8$, usw. ; das führt jedoch leicht zu Unklarheiten und Verwechslungsmöglichkeiten.)

In einem Bruch sind *Zähler* und *Nenner* ganze Zahlen; der Nenner darf niemals 0 sein.

Ein Bruch kann *gekürzt* werden, wenn Zähler und Nenner einen gemeinsamen Faktor enthalten

$$\frac{-4}{8} = \frac{-1}{2}, \ \frac{6}{2} = \frac{3}{1} = 3, \ \frac{14}{21} = \frac{2}{3} .$$

Den Nenner 1 kann man weglassen: $\frac{5}{1} = 5$, $\frac{-7}{1} = -7$.

Die Menge der rationalen Zahlen wird mit $\mathbb{Q}$ bezeichnet. Das Rechnen mit rationalen Zahlen, also mit Brüchen, ist etwas komplizierter als mit ganzen Zahlen:

Addition: Brüche mit *gleichem* Nenner werden addiert, indem die Zähler addiert werden:

$$\frac{3}{7} + \frac{22}{7} = \frac{25}{7}, \quad \frac{12}{8} + \frac{-39}{8} = \frac{12 + (-39)}{8} = \frac{-27}{8}.$$

Brüche mit verschiedenen Nennern bringt man erst durch *Erweitern* auf einen Nenner und addiert sie dann

$$\frac{3}{7} + \frac{6}{8} = \frac{3 \cdot 8}{7 \cdot 8} + \frac{6 \cdot 7}{8 \cdot 7} = \frac{24}{56} + \frac{42}{56} = \frac{66}{56}\left(= \frac{33}{28}\right).$$

Subtraktion geschieht ganz analog.

Multiplikation geschieht nach der Regel: „Zähler mal Zähler, Nenner mal Nenner".

$$\frac{4}{7} \cdot \frac{6}{8} = \frac{4 \cdot 6}{7 \cdot 8} = \frac{24}{56} = \frac{3}{7}, \quad \frac{3}{5} \cdot \frac{-7}{8} = \frac{-21}{40}.$$

Oft ist es zweckmäßig, erst zu kürzen:

$$\frac{4}{7} \cdot \frac{6}{8} = \frac{4}{7} \cdot \frac{3}{4} = \frac{3}{7}.$$

Division geschieht durch Multiplikation mit dem *Kehrwert*. (Man darf nicht durch Null dividieren!)

$$\frac{3}{7} : \frac{5}{8} = \frac{3}{7} \cdot \frac{8}{5} = \frac{24}{35}; \qquad \frac{4}{7} : 3 = \frac{4}{7} : \frac{3}{1} = \frac{4}{7} \cdot \frac{1}{3} = \frac{4}{21}.$$

1.4   Endliche Dezimalzahlen

Endliche Dezimalzahlen (oder Dezimalbrüche) sind Zahlen „mit Stellen hinter dem Komma" wie

$$0,37; \quad 124,3; \quad -44,333; \quad 200,00.$$

Mit ihnen wird nach den bekannten Rechenregeln gerechnet. Praktisch sind die meisten Zahlen, mit denen man es im täglichen Leben zu tun hat, solche Zahlen. Geldbeträge (in Mark), Maße (in Metern oder Kilogramm) werden mittels endlicher Dezimalbrüche ausgedrückt.

In der Mathematik spielen sie keine Rolle; es ist nicht einmal ganz klar, was mit ihnen überhaupt gemeint ist. Zunächst kann man sie einfach als spezielle rationale Zahlen ansehen, die nur anders geschrieben werden, nämlich rationale Zahlen, deren Nenner eine Zehnerpotenz ist. Es ist ja

$$0,37 = \frac{37}{100}; \quad 124,3 = \frac{1243}{10}; \quad \text{usw.}$$

Man kann sie aber auch als angenäherte unendliche Dezimalbrüche (vgl. 1.5) auffassen, etwa

$$3,14 \approx 3,141592654\ldots \approx \pi.$$

(Es ist zu beachten, daß in der angelsächsischen Literatur die Bezeichnungen anders sind; die Rollen von Punkt und Komma sind vertauscht:

$$\begin{array}{ll} \text{deutsch} & 463.000.473,21 \\ \text{englisch/amerikanisch} & 463,000,473.21\,. \end{array}$$

Dies führt oft zu Mißverständnissen.)

1.5 Reelle Zahlen

Auch in den rationalen Zahlen sind nicht alle Rechenoperationen unbegrenzt ausführbar, z. B. ist $\sqrt{2}$ keine rationale Zahl, eine Entdeckung, die im klassischen Griechenland gemacht wurde. Deswegen erweitert man die rationalen Zahlen zu den *reellen Zahlen*. Reelle Zahlen sind die *unendlichen Dezimalbrüche*

$$4,2372\ldots$$

Die Punkte sollen andeuten, daß die Zahl „immer weitergeht", also unendlich viele Stellen hat, die man natürlich nicht alle hinschreiben kann.

Eine exakte Einführung der reellen Zahlen ist schwierig und geht nur den Mathematiker an (nicht Physiker oder Ingenieure); erst seit ca. 1870 kennt man solche exakten Begründungen. Ein Mathematikstudent sollte zum Vorexamen (spätestens bis zum Ende des Studiums) wissen, wie man die reellen Zahlen exakt definiert und ihre Existenz zeigt.

Es ist praktisch schwierig und mit Komplikationen behaftet, mit reellen Zahlen zu rechnen. Zunächst ist die Darstellung nicht immer eindeutig; bekanntlich ist zum Beispiel

$$1 = 1,000\ldots = 0,999\ldots$$

Bei der Ausführung von Addition oder Multiplikation hat man Probleme, weil man nicht mit der letzten Stelle „ganz rechts" anfangen kann.

Im Prinzip gelten aber die bekannten Rechenregeln und die *vier Grundrechenarten* sind unbegrenzt ausführbar.

Auch die reellen Zahlen sind der Größe nach *geordnet*.

Die reellen Zahlen stellt man sich oft als *Zahlengerade* (oder „Zahlenstrahl") vor: Auf einer Gerade ist der „Nullpunkt" (willkürlich) festgelegt; in der einen Richtung (nach rechts) sind die positiven reellen Zahlen abgetragen, in der anderen die negativen. Jeder reellen Zahl entspricht ein Punkt auf der Geraden und jedem Punkt eine reelle Zahl. Die reellen Zahlen liegen „lückenlos". (Die rationalen Zahlen liegen zwar „dicht", lassen aber noch Lücken, z. B. $\sqrt{2}$.)

Es ist eine wohlbekannte Tatsache, daß rationalen Zahlen endliche oder periodische Dezimalbrüche entsprechen und daß umgekehrt solche periodischen Dezimalbrüche rationale Zahlen sind:

$$\frac{1}{5} \;=\; 0,2 \;=\; 0,200\ldots$$

$$\frac{1}{3} \;=\; 0,333\ldots \;=\; 0,\bar{3}$$

$$\frac{1}{7} \;=\; 0,\overline{142857}$$

$$\frac{68}{165} \;=\; 0,41212\ldots \;=\; 0,4\overline{12}$$

(der periodische Teil wird überstrichen.) Vielleicht kann der Leser (jedenfalls teilweise) selbst herausfinden, warum das so ist. Der Clou ist folgende Tatsache

$$0,\overline{a_1 a_2 \ldots a_k} = \frac{a_1 a_2 \ldots a_k}{99\ldots 9} = \frac{a_1 a_2 \ldots a_k}{10^k - 1}\,,$$

zum Beispiel

$$0,\overline{23} = \frac{23}{99}\,; \quad 0,\overline{102} = \frac{102}{999}\,.$$

Dabei sind a_i Ziffern zwischen 0 und 9.

2 Rechnen mit Buchstaben

2.1 Grundlegende Rechenregeln

In der Mathematik wird fast nie mit konkreten Zahlen gerechnet, sondern nahezu immer mit „Symbolen", mit „Buchstaben". Den Mathematiker interessieren nur selten konkrete Rechnungen, sondern die Regeln und Gesetze, nach denen gerechnet wird. Sind z. B. $a, b, c, d, \ldots$ beliebige reelle Zahlen (oder auch rationale Zahlen), so gilt immer

$$
\begin{aligned}
a + b &= b + a && \text{(Kommutativ-Gesetz der Addition)} \\
(a + b) + c &= a + (b + c) && \text{(Assoziativ-Gesetz der Addition)} \\
a \cdot b &= b \cdot a && \text{(Kommutativ-Gesetz der Multiplikation)} \\
(a \cdot b) \cdot c &= a \cdot (b \cdot c) && \text{(Assoziativ-Gesetz der Multiplikation)} \\
(a + b) \cdot c &= a \cdot c + b \cdot c && \text{(Distributiv-Gesetz)}.
\end{aligned}
$$

(Klammern geben wie üblich an, welcher Teil der Rechnung zuerst ausgeführt wird; der Multiplikations-Punkt wird meistens - und im folgenden - weggelassen.)

Die speziellen Zahlen 0 und 1 spielen eine besondere Rolle; für sie gilt z. B. immer (mit beliebigem a)

$$
a + 0 = a, \; 1a = a, \; 0a = 0 \,.
$$

Wie man mit Buchstaben rechnet, ist aus der Schule bekannt; eine wichtige Rolle spielt dabei *Vereinfachen* und *Zusammenfassen* von Termen. Dabei kommen oft die Potenzen vor (mehr dazu später)

$$
a^1 = a, \; a^2 = a \cdot a, \; a^3 = a \cdot a \cdot a,
$$

$$
a^n = a \cdot \ldots \cdot a \quad (n \text{ Faktoren}, \, n \text{ eine natürliche Zahl}).
$$

Wir geben ein Beispiel für das Rechnen mit Buchstaben, wobei von den Rechenregeln und Zusammenfassen Gebrauch gemacht wird.

$$
\begin{aligned}
(1-a)(1+a+a^2+a^3) &= 1(1+a+a^2+a^3) - a(1+a+a^2+a^3) \\
&= (1+a+a^2+a^3) - (a+a^2+a^3+a^4) \\
&= 1-a^4 .
\end{aligned}
$$

Folgende Rechenregeln werden oft benutzt; sie sind als *binomische Formeln* bekannt:

$$
\begin{aligned}
(a+b)^2 &= a^2 + 2ab + b^2 \\
(a-b)^2 &= a^2 - 2ab + b^2 \\
(a+b)(a-b) &= a^2 - b^2 .
\end{aligned}
$$

Als Verallgemeinerung der eben durchgeführten Rechnung ergibt sich:

$$
(1+a+a^2+\ldots+a^n) = \frac{1-a^{n+1}}{1-a} \qquad \text{(endliche } \textit{geometrische Reihe}\text{)}.
$$

Diese letzte Formel braucht man nicht unbedingt zu wissen. Sie ist aber sehr nützlich, und eine unglaubliche Fülle mathematischer Tatbestände leiten sich letzten Endes aus ihr ab.

2.2   Bruchrechnung

Auch mit Buchstaben kann Bruchrechnung betrieben werden. Sind a, b beliebige Zahlen und $b \neq 0$, so ist $\frac{a}{b}$ einfach eine andere Schreibweise für den Quotienten $a : b$. Für die Gleichheit von Brüchen gilt dann

$$
\frac{a}{b} = \frac{c}{d} \qquad \text{falls} \qquad ad = bc .
$$

(Ist nämlich $\frac{a}{b} = \frac{c}{d}$, so ergibt sich durch Multiplikation beider Seiten mit bd, daß $\frac{abd}{b} = \frac{cbd}{d}$; nach Kürzen folgt $ad = bc$.)

Für die Bruchrechnung gelten folgende Rechenregeln

Kürzen:
$$\frac{ac}{bc} = \frac{a}{b}$$

Erweitern:
$$\frac{a}{b} = \frac{ac}{bc}$$

Addition, Subtraktion:
$$\frac{a}{b} \pm \frac{c}{d} = \frac{ad \pm bc}{bd}$$

Multiplikation:
$$\frac{a}{b} \cdot \frac{c}{d} = \frac{ac}{bd}$$

Division:
$$\frac{a}{b} : \frac{c}{d} = \frac{ad}{bc} .$$

Aus diesen folgen viele weitere, die nicht formuliert werden sollen, z. B. $\left(\frac{a}{b}\right)^2 = \frac{a^2}{b^2}$ usw.

2.3 Potenzrechnung

Das Rechnen mit Potenzen ist erfahrungsgemäß vielen Studienanfängern nur unvollständig vertraut, obwohl die Ausgangssituation noch ganz elementar ist. Es ist aber festzustellen, daß das Rechnen mit Potenzen über den regelmäßigen Schulstoff hinausgeht; es gehört zum Stoff des ersten Studienjahres. Wir orientieren uns an dem, was ein Taschenrechner kann, nämlich der Berechnung von y^x, wobei die *Basis* y eine beliebige positive und der *Exponent* x eine beliebige (reelle) Zahl ist. Was ist also y^x?

Wie schon gesagt, ist für natürlichen Exponenten n die *n-te Potenz*

$$y^n = y \cdot \ldots \cdot y \quad (n\text{-mal Faktor } y) \tag{2.3.1}$$

(y^n wird gesprochen: „y hoch n".) Insbesondere ist

$$y^1 = y, \; y^2 = y \cdot y \; („y \text{ Quadrat"}), \; y^3 = y \cdot y \cdot y \text{ usw.}$$

Es gelten dann u. a. folgende Rechenregeln mit beliebigen natürlichen Zahlen n, m.

$$y^{n+m} = y^n y^m \tag{2.3.2}$$

$$(y^n)^m = y^{n \cdot m} . \tag{2.3.3}$$

(Die erste Formel ist unmittelbar einsichtig, in der zweiten ist $(y^n)^m = y^n \cdot \ldots \cdot y^n$ (m-mal) $= (y \ldots y) \ldots (y \ldots y) = y^{nm}$.)

Bis jetzt kann y eine beliebige (reelle) Zahl sein. Die Potenzschreibweise ist also einfach nur eine Abkürzung für wiederholte Multiplikation desselben Faktors. In einem zweiten Schritt wird jetzt y^n auch für $n = 0$ und n eine negative ganze Zahl erklärt, und zwar durch folgende Formeln

$$y^0 = 1 \qquad y^{-n} = \frac{1}{y^n} . \qquad\qquad (2.3.4)$$

Es ist jetzt wichtig zu verstehen, daß dies keine willkürliche Festlegung ist, sondern daß sich 2.3.4 zwangsläufig aus 2.3.2 ergibt. Es ist ja $y^n = y^{n+0} = y^n y^0$, also muß $y^0 = 1$ sein, wenn der Ausdruck y^0 überhaupt einen Sinn machen soll. Mit $y^0 = 1$ kann man jetzt so weiterschließen

$$1 = y^0 = y^{n-n} = y^{n+(-n)} = y^n \cdot y^{-n} ,$$

also muß $y^{-n} = \frac{1}{y^n}$ gelten. Mit 2.3.1 und 2.3.4 ist y^n für beliebiges y und beliebige *ganze* Zahl n erklärt. Die Regeln 2.3.2 und 2.3.3 gelten für alle ganzen Zahlen n, m.

Bisher hat sich alles im Rahmen der vier Grundrechenarten abgespielt; diesen Rahmen verlassen wir jetzt und besprechen zunächst das *Wurzelziehen*, genauer geht es um die *Quadratwurzel*. Es ist dies die *Umkehroperation* zum *Quadrieren*.

$$\sqrt{4} = 2 , \ \sqrt{1} = 1 , \ \sqrt{2} = 1,414213562 \ldots .$$

$\sqrt{a} = $ die Zahl, die mit sich selbst malgenommen a ergibt.

Zu diesem Begriff sind verschiedene Kommentare angebracht:

- Negative Zahlen haben keine Quadratwurzel, denn wegen der Regel „minus mal minus gleich plus" ist ein Quadrat immer positiv.

- Jede positive reelle Zahl besitzt eine positive Quadratwurzel. Das ist aber nicht selbstverständlich, sondern ein mathematischer Satz, der bewiesen werden muß. Außerdem ist diese positive Quadratwurzel eindeutig bestimmt.

- Ist $x^2 = a$, so ist auch $(-x)^2 = a$. Trotzdem wird der Eindeutigkeit wegen unter der Quadratwurzel immer nur die positive Quadratwurzel verstanden. Für $a > 0$ hat die Gleichung $x^2 = a$ also die zwei Lösungen $\sqrt{a}$ und $-\sqrt{a}$.

Der Begriff der Quadratwurzel ist also so zu präzisieren: Für $a \geq 0$ ist $\sqrt{a}$ die eindeutig bestimmte Zahl ≥ 0 mit $(\sqrt{a})^2 = a$.

Höhere Wurzeln $\sqrt[n]{a}$, n natürliche Zahl, werden ganz analog definiert: Für $a \geq 0$ ist $\sqrt[n]{a}$ die eindeutig bestimmte Zahl ≥ 0 mit $(\sqrt[n]{a})^n = a$.

Nebenbemerkung: Ist n ungerade, z. B. $n = 3$, so kann die n-te Wurzel auch für negative Zahlen eindeutig definiert werden, denn jetzt ist die n-te Potenz einer negativen Zahl selbst negativ.

Es wird jetzt erklärt, wie sich das Wurzelziehen in die Potenzrechnung einordnet. Es ist nämlich

$$\sqrt[n]{y} = y^{\frac{1}{n}} \, , \text{ speziell } \sqrt{y} = y^{\frac{1}{2}} \, . \tag{2.3.5}$$

Wie bei 2.3.4 ist das keine willkürliche Festlegung, sondern etwas, das sich zwangsläufig aus 2.3.2 und 2.3.3 ergibt. Es ist ja

$$(y^{\frac{1}{n}})^n = y^{\frac{n}{n}} = y^1 = y \, ,$$

also: $y^{\frac{1}{n}}$ ist eine Zahl, deren n-te Potenz y ergibt, also $y^{\frac{1}{n}} = \sqrt[n]{y}$.

In einem dritten Schritt wird jetzt y^x für beliebiges rationales x (und $y > 0$!) definiert

$$(y^{\frac{n}{m}}) = (y^{\frac{1}{m}})^n = (\sqrt[m]{y})^n \tag{2.3.6}$$

$$y^{-\frac{n}{m}} = \frac{1}{y^{\frac{n}{m}}} \, . \tag{2.3.7}$$

Es gelten jetzt die Rechenregeln 2.3.2 und 2.3.3 für beliebige rationale Exponenten.

Die Definition von y^x mit beliebigem reellen x erfordert entschieden mehr Theorie. Der Gedankengang ist so: Die reelle Zahl x kann „beliebig gut" durch rationale Zahlen $x_0, x_1, \ldots$ approximiert werden (die Approximationen x_i werden immer genauer). Die Potenzen y^{x_i} sind nach dem obigen erklärt. Dann macht man einen „Grenzübergang" $y^{x_i} \to y^x$.

2.4 Formeln für das Potenzrechnen

Wir fassen die wichtigsten Formeln für das Rechnen mit Potenzen noch einmal zusammen. Dabei seien $x, y, \ldots$ beliebige reelle Zahlen > 0 und a, b beliebige reelle Zahlen

$$\begin{aligned}
(xy)^a &= x^a y^a \\
x^{a+b} &= x^a x^b \\
(x^a)^b &= x^{ab} \\
x^0 &= 1 \\
x^{-a} &= \frac{1}{x^a} \\
x^{\frac{1}{2}} &= \sqrt{x} \\
x^{\frac{1}{n}} &= \sqrt[n]{x}\,, \quad n \text{ natürliche Zahl.}
\end{aligned}$$

2.5　Physikalische Gesetze

Man könnte vielleicht meinen, das gerade wiederholte „Buchstabenrechnen" sei etwas sehr Abstraktes, rein Mathematisches ohne konkrete Anwendungen. Diese Meinung wäre grundverkehrt. Kein physikalisches Gesetz läßt sich ohne Buchstabenrechnung formulieren. Wir erinnern an ein paar der bekanntesten physikalischen Gesetze (die alle Geschichte gemacht haben):

$$F = ma = m\dot{v} = m\ddot{x}$$

(*Newtonsches Grundgesetz* der Mechanik: Kraft = Masse · Beschleunigung),

$$F = G\,\frac{mM}{r^2}$$

(*Newtonsches Gravitationsgesetz* für die Anziehungskraft F zwischen zwei Massen m, M im Abstand r, G = Gravitationskonstante),

$$U = RI$$

(*Ohmsches Gesetz*: Spannung = Widerstand · Stromstärke),

$$\frac{1}{R} = \frac{1}{R_1} + \frac{1}{R_2}$$

(*Kirchhoffsches Gesetz* für parallel geschaltete Widerstände R_1 und R_2),

$$N(t) = N_0 e^{-\lambda t}$$

(Gesetz des radioaktiven Zerfalls),

$$E = mc^2$$

(*Einsteinsches Gesetz* der Äquivalenz von Masse und Energie),

$$\Delta x \Delta p \geq \frac{1}{2\pi} h, \quad \Delta t \Delta E \geq \frac{1}{2\pi} h$$

(*Heisenbergsche Unschärfe-Relation*),

$$L_\nu = \frac{2h\nu^3}{c^2}(e^{h\nu/kT} - 1)^{-1}$$

(*Plancksches Strahlungsgesetz* über die Spektralverteilung eines schwarzen Körpers der absoluten Temperatur T).

3 Die quadratische Gleichung

Zahllose mathematische, physikalische und andere Probleme und Aufgaben führen auf das Lösen *quadratischer Gleichungen*, die z. B. so aussehen

$$x^2 = 3\,, \; x^2 - 2x = 4\,, \; 3x^2 + x - a = 0\,.$$

„Quadratisch" bezieht sich darauf, daß die Unbekannte x höchstens zur zweiten Potenz vorkommt. Bringt man alle Terme auf eine Seite, so hat die quadratische Gleichung allgemein die Form

$$ax^2 + bx + c = 0\,.$$

Dabei sind a, b, c positive oder negative reelle Zahlen und x ist gesucht, das heißt, x soll aus a, b, c ausgerechnet werden. Die Lösung wird jetzt beschrieben.

Es wird vorausgesetzt, daß $a \neq 0$; sonst liegt ja gar keine „echte" quadratische Gleichung vor.

1. Schritt: Teile durch a:

$$x^2 + \frac{b}{a}x + \frac{c}{a} = 0\,.$$

2. Schritt: Bringe den „konstanten Term" auf die rechte Seite

$$x^2 + \frac{b}{a}x = -\frac{c}{a}\,.$$

3. Schritt: Addiere auf beiden Seiten $\frac{b^2}{4a^2}$; das nennt man „quadratische Ergänzung"

$$x^2 + \frac{b}{a}x + \frac{b^2}{4a^2} = \frac{b^2}{4a^2} - \frac{c}{a}\,.$$

4. Schritt: Wende die binomische Formel (vgl. 2.1) auf die linke Seite an und forme die rechte etwas um

$$(x + \frac{b}{2a})^2 = \frac{1}{4a^2}(b^2 - 4ac)\,.$$

Hier ist die linke Seite ein Quadrat, also positiv. Falls die rechte Seite negativ sein sollte, kann also keine Lösung x existieren.

Zwischenergebnis: Ist $b^2 - 4ac < 0$, so ist die Gleichung unlösbar. Ist $b^2 - 4ac = 0$, so ist $(x + \frac{b}{2a})^2 = 0$, also $x = -\frac{b}{2a}$ die einzige Lösung.

5. Schritt: Ist $b^2 - 4ac > 0$, so hat die letzte Umformung aus Schritt 4 die beiden Lösungen

$$x + \frac{b}{2a} = \pm\sqrt{\frac{1}{4a^2}(b^2 - 4ac)} = \pm\frac{1}{2a}\sqrt{b^2 - 4ac}\,.$$

Die ursprüngliche Gleichung hat also die Lösungen

$$x = -\frac{b}{2a} \pm \frac{1}{2a}\sqrt{b^2 - 4ac}$$
$$= \frac{1}{2a}(-b \pm \sqrt{b^2 - 4ac})\,.$$

Man beachte, daß das wirklich eine Lösung im Sinne der Aufgabenstellung ist: Auf der rechten Seite steht ein Ausdruck, in dem nur a, b, c - die „Koeffizienten" der Gleichung - vorkommen. x wird also aus den a, b, c ausgerechnet. Beispiel:

$$2x^2 + 5x + 3 = 0$$
$$x = \frac{1}{4}(-5 \pm \sqrt{25 - 24})$$
$$x_1 = -1\,, \ x_2 = -\frac{3}{2}\,.$$

(Die beiden Lösungen einer quadratischen Gleichung bezeichnet man oft mit x_1 und x_2.)

Wir erläutern jetzt die quadratische Gleichung noch einmal von einem etwas anderen Standpunkt und greifen auf den Stoff von Abschnitt 16.1 vor: Wie bisher seien a, b, c reelle Zahlen, $a \neq 0$. Dann beschreibt die Funktion

$$f(x) = ax^2 + bx + c$$

eine „quadratische Parabel". Für $a > 0$ ist diese „nach oben geöffnet", für $a < 0$ nach unten. Es geht um die *Nullstellen* von $f(x)$, das heißt um die Schnittpunkte mit der x-Achse. Dabei sind drei verschiedene Fälle möglich (vgl. Abb. 3.1):

1) Die Parabel schneidet die x-Achse nicht, $f(x)$ hat keine Nullstellen,
   die Gleichung keine Lösung.

2) Die Parabel berührt die x-Achse tangential (und zwar in einem Maximum für $a < 0$, in einem Minimum für $a > 0$), $f(x)$ hat eine Nullstelle, die Gleichung hat genau eine Lösung.

3) Die Parabel schneidet die x-Achse in zwei Punkten, $f(x)$ hat zwei Nullstellen, die Gleichung zwei Lösungen.

Diese drei Fälle entsprechen den drei Fällen $b^2 - 4ac < 0, = 0$ oder > 0. Deshalb heißt $b^2 - 4ac$ die *Diskriminante* der Gleichung, nämlich weil diese Zahl das qualitative Lösungsverhalten bestimmt.

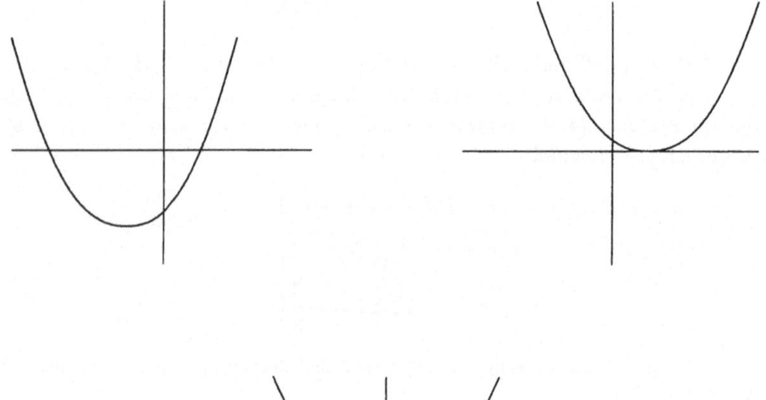

Abb. 3.1

4 Grundbegriffe der Mengenlehre

In der Mengenlehre geht es darum, einfache Schluß- und Denkweisen, die z. T. ihre Motivation im täglichen Leben finden, zu präzisieren und zu formulieren. Es ist nichts Schwieriges und Geheimnisvolles daran. Es ist ein weitverbreitetes Mißverständnis, daß die Mengenlehre (in dem Umfang, wie sie auf der Schule vorkommt) eine mathematische Theorie sei, etwa wie die Algebra oder die Differential- und Integralrechnung. Daran schließt sich die Befürchtung an, mit der Mengenlehre müsse man ein neues modernes und schwieriges Gebiet der Mathematik lernen. Das ist alles grundfalsch. Für uns - und alle Nichtspezialisten - ist die Mengenlehre *keine* Theorie, sondern nur ein Hilfsmittel, um mathematische Sachverhalte zu formulieren. Um Lesen und Schreiben zu lernen, muß man erstmal die Buchstaben kennenlernen; um Mathematik zu lernen, muß man erstmal die „Sprache" der Mengenlehre kennenlernen. Das liegt einfach daran, daß die Mathematik im wesentlichen nur einen Grundbegriff hat, den der *Menge*.

4.1 Mengen

Nach Georg Cantor (dem Begründer der Mengenlehre) ist eine Menge die Zusammenfassung verschiedener Objekte zu einem *Ganzen*. Alle natürlichen Zahlen bilden eine Menge, alle ganzen, alle rationalen, die Primzahlen bilden eine Menge, alle Zahlen > 3 bilden eine Menge, usw. usw. Was diese Objekte sind, ist ganz gleich, Zahlen, geometrische Figuren, Punkte, Funktionen; es muß nur eindeutig feststehen, ob ein bestimmtes Objekt zu der betreffenden Menge gehört oder nicht. Bisher sind uns in diesem Buch z. B. folgende Mengen begegnet:

$$\begin{aligned}
\mathbb{N} &= \text{Menge der natürlichen Zahlen} \\
\mathbb{Z} &= \text{Menge der ganzen Zahlen} \\
\mathbb{Q} &= \text{Menge der rationalen Zahlen}
\end{aligned}$$

Ist M eine Menge und gehört das Objekt a zu M, so schreibt man $a \in M$ und sagt „a ist *Element* der Menge M". Gehört a nicht zu M, so schreibt man $a \notin M$. Zum Beispiel

$$2 \in \mathbb{N},\ 0 \notin \mathbb{N},\ 0 \in \mathbb{Z},\ -3 \in \mathbb{Z},\ \sqrt{2} \notin \mathbb{Q}.$$

Es gibt verschiedene Möglichkeiten, Mengen anzugeben:

- Am einfachsten dadurch, daß man alle Elemente explizit nennt; diese werden dann in geschweifte Klammern gesetzt, z. B. $\{1, 2, 3, 4\}$ ist die Menge, die die vier Elemente $1, 2, 3, 4$ enthält;

- oft beschreibt man die Menge verbal, wie gerade eben schon geschehen; ein weiteres Beispiel wäre

$$G = \text{Menge aller geraden natürlichen Zahlen}$$

  also $G = \{2, 4, 6, 8, \cdots\}$;

- oft dadurch, daß man alle Objekte zu einer Menge zusammenfaßt, die eine bestimmte Eigenschaft E haben. Dann benutzt man folgende Bezeichnungsweise

$$\{x \mid x \text{ hat die Eigenschaft } E\}.$$

Einige Beispiele sollen das verdeutlichen:

- $\ast$ $\{x \mid x \text{ ist natürliche Zahl und durch 2 teilbar}\}$ ist die Menge der geraden natürlichen Zahlen;

- $\ast$ $\{x \mid x \text{ ist reelle Zahl und } x^2 = 1\} = \{1, -1\}$;

- $\ast$ $\{x \mid x \text{ ist Quadrat einer natürlichen Zahl und kleiner als 50}\}$ $= \{1, 4, 9, 16, 25, 36, 49\}$;

- $\ast$ $\{x \mid x \text{ ist reelle Zahl und } ax^2 + bx + c = 0\}$.

Bei dem letzten Beispiel sind a, b, c vorgegebene reelle Zahlen. Es geht also um die Lösungsmenge einer quadratischen Gleichung. Wir haben im letzten Abschnitt gesehen, daß unsere Menge zwei, eins oder gar kein Element enthält (oder unendlich viele, falls $a = b = c = 0$).

Die Menge, die kein Element enthält, heißt *leere Menge* und wird mit $\emptyset$ bezeichnet. Für alle Objekte a gilt also $a \notin \emptyset$.

Mit Mengen kann man auch in gewissem Sinne „rechnen", und es gibt auch eine „größer/kleiner-Beziehung". Wir werden diese Begriffe jetzt wiederholen:

M heißt *Teilmenge* von N, Bezeichnung $M \subset N$ (in der Literatur kommt auch die Bezeichnung $M \subseteq N$ oft vor), falls jedes Element von M auch Element von N ist.

Beispiel: $\mathbb{N} \subset \mathbb{Z}$, $\mathbb{Z} \subset \mathbb{Q}$, $\mathbb{Q} \subset \mathbb{R}$ und $M \subset M$. Es gilt immer $\emptyset \subset M$.

Es seien M, N zwei Mengen. Der *Durchschnitt* von M und N, Bezeichnung $M \cap N$, besteht aus allen Elementen, die in M und auch in N liegen.

$$M \cap N = \{x | x \in M \text{ und } x \in N\}.$$

Die *Vereinigung* von M und N, Bezeichnung $M \cup N$, besteht aus allen Elementen, die in M oder in N (oder in beiden Mengen) liegen:

$$M \cup N = \{x | x \in M \text{ oder } x \in N\}.$$

(Anmerkung: In der Mathematik bedeutet „oder" immer das nicht ausschließende oder: A oder B heißt, es gilt A oder B oder beides.)

Es ist zweckmäßig und suggestiv, sich die mengentheoretischen Beziehungen und Operationen bildlich zu veranschaulichen. Wir haben bisher als Beispiele immer nur Mengen von Zahlen gehabt (weil Zahlen die einzigen mathematischen Gegenstände sind, die wir bisher besprochen haben). Anschaulicher sind Beispiele von Punktmengen; Inklusion $\subset$, Durchschnitt $\cap$ und Vereinigung $\cup$ veranschaulicht man sich wie in folgenden Figuren:

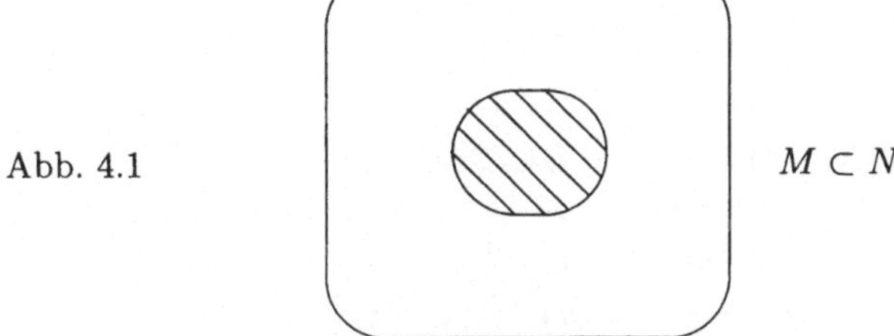

Abb. 4.1 $M \subset N$

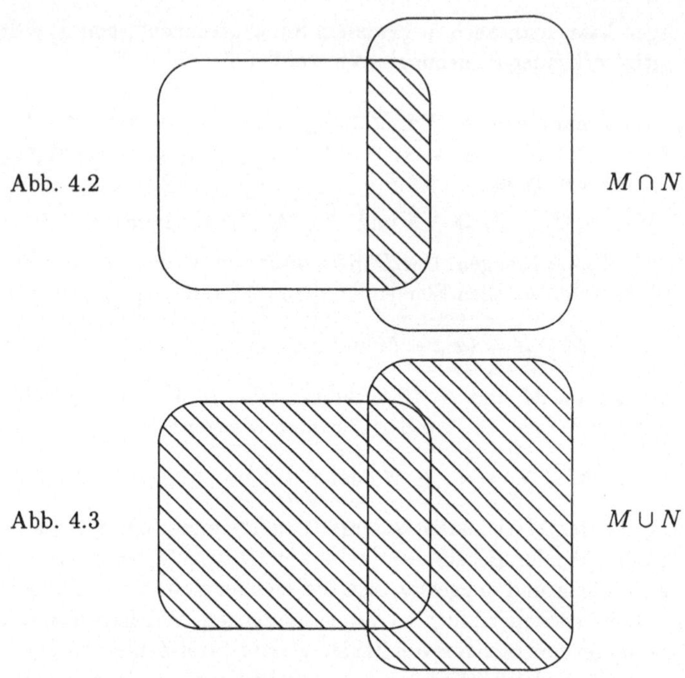

Abb. 4.2 $\qquad M \cap N$

Abb. 4.3 $\qquad M \cup N$

Es gelten eine Reihe völlig selbstverständlicher „Rechenregeln", die etwas an die Rechenregeln für Zahlen erinnern, z. B. :

$$
\begin{aligned}
M \cup N &= N \cup M \\
M \cap N &= N \cap M \\
(L \cap M) \cap N &= L \cap (M \cap N) \\
(L \cup M) \cup N &= L \cup (M \cup N) \\
M \cup \emptyset &= M \\
M \cap \emptyset &= \emptyset \\
(L \cup M) \cap N &= (L \cap N) \cup (M \cap N) \\
(L \cap M) \cup N &= (L \cup N) \cap (M \cup N).
\end{aligned}
$$

Die letzten beiden Formeln veranschaulicht man sich durch folgende Diagramme:

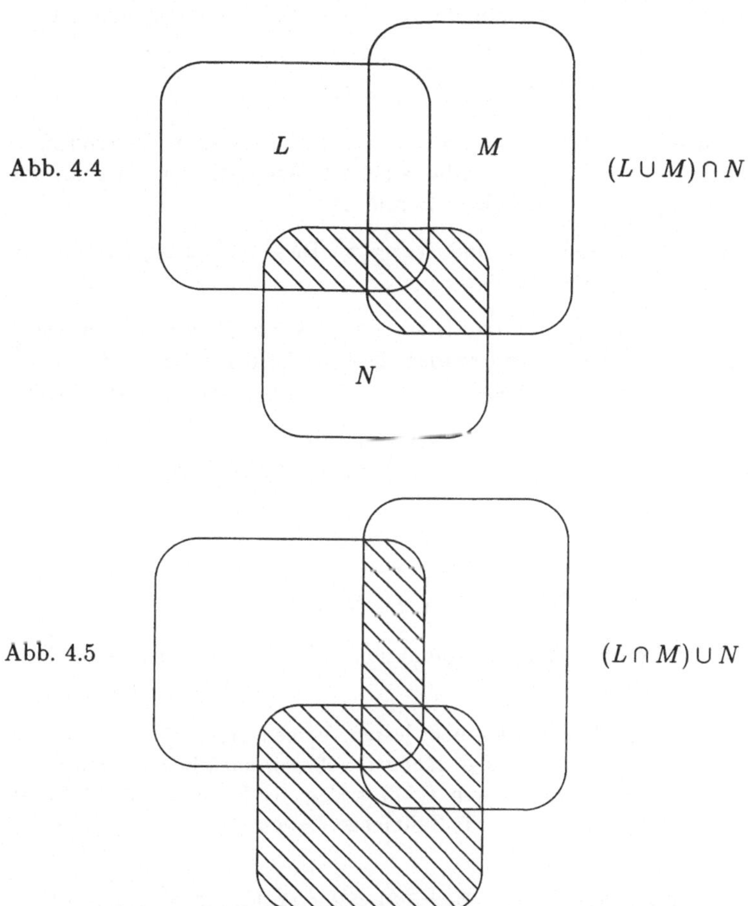

Abb. 4.4 $(L \cup M) \cap N$

Abb. 4.5 $(L \cap M) \cup N$

4.2 Abbildungen

Zu den Grundbegriffen der Mengenlehre gehört auch der Abbildungsbegriff. Sind X, Y zwei beliebige Mengen, so ist eine *Abbildung* f von X nach Y eine Vorschrift, die jedem $x \in X$ ein eindeutig bestimmtes Element $y \in Y$ zuordnet. Dieses Element y wird dann mit $f(x)$ bezeichnet, manchmal auch ohne Klammern fx. Üblicherweise schreibt man Abbildungen so:

$$f : X \to Y \,, \ y = f(x).$$

Die Menge X heißt *Definitionsbereich* von f, die Menge Y *Zielbereich*.

Beispiele für Abbildungen gibt es zuhauf. Wir erwähnen ein paar, um anzudeuten, wie vielfältig dieser Begriff ist.

- Es sei $X = \mathbb{R}$, $Y = \mathbb{R}$ und $f(x) = x^2$. Diese Abbildung f stellt eine quadratische Parabel dar.

- Es sei $X = \mathbb{Q}$, $Y = \mathbb{N}$. Jedes $x \in X$ kann als *gekürzter* Bruch $\frac{p}{q}$ mit $q \in \mathbb{N}$ geschrieben werden. Dieses q ist eindeutig bestimmt. Es sei $f(x) = q$. Die Abbildung f ordnet also x den kleinstmöglichen Nenner zu.

- Es sei $X = \mathbb{R}$ und $Y = \{0, +, -\}$. Sei f definiert durch

$$f(x) = \begin{cases} + & \text{falls} \quad x > 0 \\ 0 & \text{falls} \quad x = 0 \\ - & \text{falls} \quad x < 0 \end{cases}$$

  f ist also die „Vorzeichen-Funktion", die jeder reellen Zahl ihr Vorzeichen zuordnet.

- Es sei X die Menge aller nicht-leeren Teilmengen von $\mathbb{N}$, die Elemente von X sind also beliebige Mengen $\neq \emptyset$ von natürlichen Zahlen. $f : X \to \mathbb{N}$ sei definiert durch $f(M) =$ kleinstes Element von M. (f ist „wohldefiniert", denn jede Teilmenge M von $\mathbb{N}$ enthält ein kleinstes Element.)

- Es sei $X = Y = [0, 1] = \{x \in \mathbb{R} | 0 \leq x \leq 1\}$ das „Einheitsintervall"

$$f(x) = 4x(1 - x) = -4x^2 + 4x \,.$$

Es ist leicht zu sehen, daß für $0 \leq x \leq 1$ wirklich gilt, daß $0 \leq f(x) \leq 1$. (Diese Funktion liefert ein instruktives Beispiel zur „Chaostheorie". Iteriert man die Anwendung von f, betrachtet man also zu einem Anfangswert x die Folge der Zahlen

$$x = x_1 \,, \ x_2 = f(x_1) \,, \ x_3 = f(x_2) \,, \ x_4 = f(x_3) \,, \ldots,$$

so hängt das Verhalten dieser Folge $x_1, x_2, x_3 \ldots$ „chaotisch" von dem Anfangswert x ab. Das gehört aber nicht zum Schulstoff der Mathematik. Das Beispiel wird nur erwähnt, um anzudeuten, daß hinter dem Schlagwort „Chaostheorie" sich auch nur ganz normale Mathematik verbirgt.)

Zurück zur Theorie: Sind $f : X \to Y$ und $g : Y \to Z$ Abbildungen, so ist die „*Verknüpfung*" $g \circ f$ (sprich „g nach f") von f und g definiert durch

$$g \circ f : X \to Z \qquad (g \circ f)(x) = g(f(x)).$$

Es handelt sich also um die „Hintereinander-Ausführung" von f und g. Ist $h : Z \to V$ noch eine dritte Abbildung, so gilt natürlich das Assoziativ-Gesetz $(h \circ g) \circ f = h \circ (g \circ f)$.

Eine besondere, wenn auch triviale Rolle spielen die *identischen Abbildungen*. Für jede Menge X hat man die Abbildung

$$id = id_X : X \to X \qquad id_X(x) = x.$$

Jedes Element wird also einfach auf sich selbst abgebildet. Natürlich gilt für beliebiges $f : X \to Y$.

$$f \circ id_X = f, \qquad id_Y \circ f = f.$$

Ist $f : X \to Y$ eine Abbildung und $M \subset X$ eine Teilmenge, so hat man die *Einschränkung* von f auf M

$$f|_M : M \to Y \qquad f|_M(x) = f(x).$$

Abschließend erwähnen wir drei Begriffe, die oft benutzt werden: $f : X \to Y$ heißt *injektiv*, wenn verschiedene x auf verschiedene y abgebildet werden (aus $x_1 \neq x_2$ folgt also $f(x_1) \neq f(x_2)$). f heißt *surjektiv*, wenn zu jedem $y \in Y$ ein $x \in X$ existiert mit $f(x) = y$. Die Abbildung f heißt *bijektiv*, wenn sie injektiv und surjektiv ist.

5 Geometrische Grundbegriffe

In diesem Abschnitt werden die Grundbegriffe der *Geometrie der Ebe-ne* besprochen, u. a. Punkt, Gerade, Strecke, Abstand (= Entfernung), Winkel, Fläche (= Flächeninhalt); außerdem geht es um einfache geome-trische Figuren wie Dreiecke und Vierecke. Es ist nicht das Ziel, diese Begriffe erschöpfend zu behandeln; es geht nur um die Wiederholung des Wichtigsten.

5.1 Geraden und Strecken

Durch zwei (verschiedene) Punkte P, Q geht eine und nur eine *Gerade* g; das Teilstück dieser Geraden zwischen den beiden Punkten ist die *Ver-bindungsstrecke* (Abb. 5.1). Der Abstand der Punkte P, Q ist gleich der Länge der Verbindungsstrecke.

Zwei Geraden g, h, die nicht parallel sind, schneiden sich in einem und nur einem Punkt P (Abb. 5.2).

Ist in der Ebene eine Gerade g und ein Punkt P gegeben, so geht durch P eine und nur eine Parallele h zu g (Abb. 5.3). (Es ist $h = g$, falls P auf g liegt.)

Ist P kein Punkt von g, so gibt es durch P eine und nur eine Gerade h, die auf g *senkrecht* steht (Abb. 5.4). Die Verbindungsstrecke von P zum Schnittpunkt von g und h ist das *Lot* von P auf g. Seine Länge ist der Abstand zwischen P und g.

5.2 Winkel

Zwei Halbgeraden, die von einem Punkt ausgehen, schließen einen *Winkel* ein (genauer zwei Winkel, einen inneren und einen äußeren) (Abb. 5.5). Winkel werden in *Grad* gemessen. Der „Vollwinkel" hat 360° (Abb. 5.7);

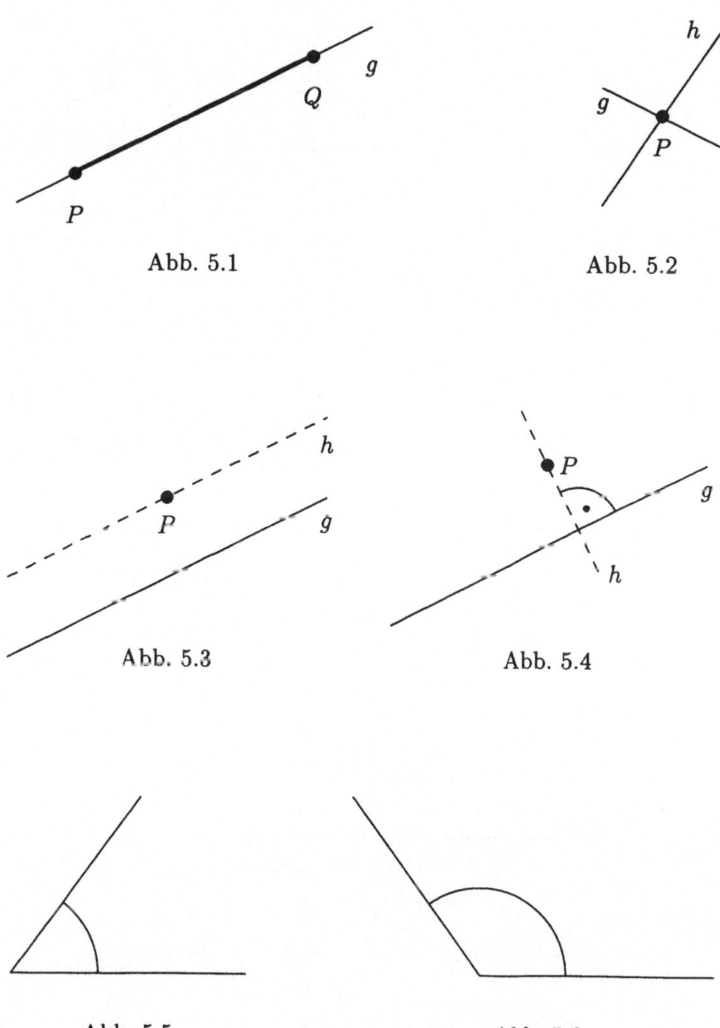

Abb. 5.1

Abb. 5.2

Abb. 5.3

Abb. 5.4

Abb. 5.5

Abb. 5.6

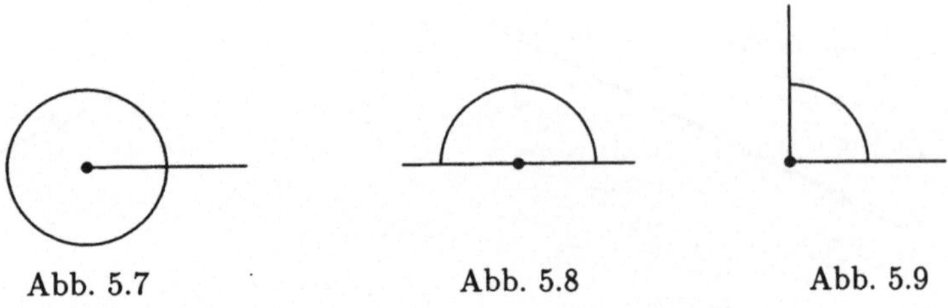

Abb. 5.7   Abb. 5.8   Abb. 5.9

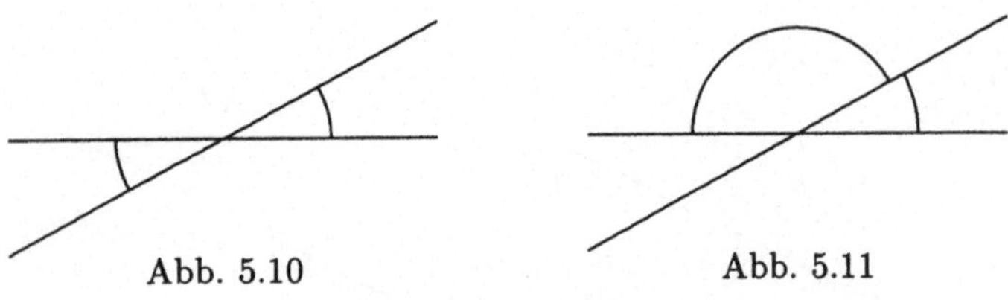

Abb. 5.10   Abb. 5.11

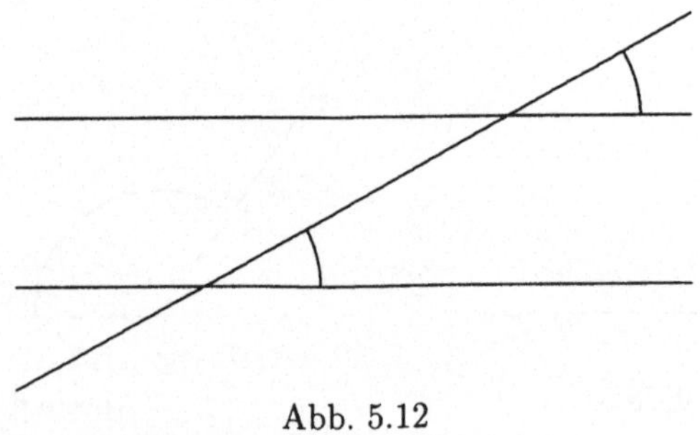

Abb. 5.12

entgegengesetzte Halbgeraden schließen einen Winkel von 180° ein (Abb. 5.8), senkrechte einen von 90° (Abb. 5.9). *Spitze* Winkel sind solche von weniger als 90° (Abb. 5.5), *stumpfe* solche zwischen 90° und 180° (Abb. 5.6).

Wechselwinkel (an zwei sich schneidenden Geraden) sind gleich (Abb. 5.10).

Scheitelwinkel (an zwei sich schneidenden Geraden) ergänzen sich zu 180° (Abb. 5.11).

Stufenwinkel (an parallelen Geraden, die von einer dritten geschnitten werden) sind gleich (Abb. 5.12).

5.3 Vierecke

Das *Quadrat* ist in vieler Hinsicht die einfachste geometrische Figur; es ist ein Viereck mit lauter rechten Winkeln und gleich langen Seiten (Abb. 5.13). Ist a die Seitenlänge, so ist der Flächeninhalt a^2.

Ein *Rechteck* ist ein Viereck mit lauter rechten Winkeln. Gegenüberliegende Seiten sind parallel und gleich lang (Abb. 5.14) Sind a, b die beiden Seitenlängen, so ist der Flächeninhalt $F = ab$.

Ein *Parallelogramm* ist ein Viereck, in dem gegenüberliegende Seiten parallel sind (Abb. 5.15). Gegenüberliegende Winkel sind dann gleich (zweimal Stufenwinkel, einmal Wechselwinkel!) (Abb. 5.16). Gegenüberliegende Seiten sind gleich lang. Der Flächeninhalt berechnet sich nach der Formel

$$F = a \cdot h = \text{Grundseite} \times \text{Höhe}.$$

Das sieht man an Hand von Abb. 5.17, mit der man das Parallelogramm in ein flächengleiches Rechteck verwandelt.

5.4 Dreiecke

Ein *Dreieck* ist durch drei verschiedene Punkte der Ebene und die zugehörigen Verbindungsstrecken gegeben. Für Ecken, Seiten und Winkel sind die Bezeichnungen aus Abb. 5.18 üblich.

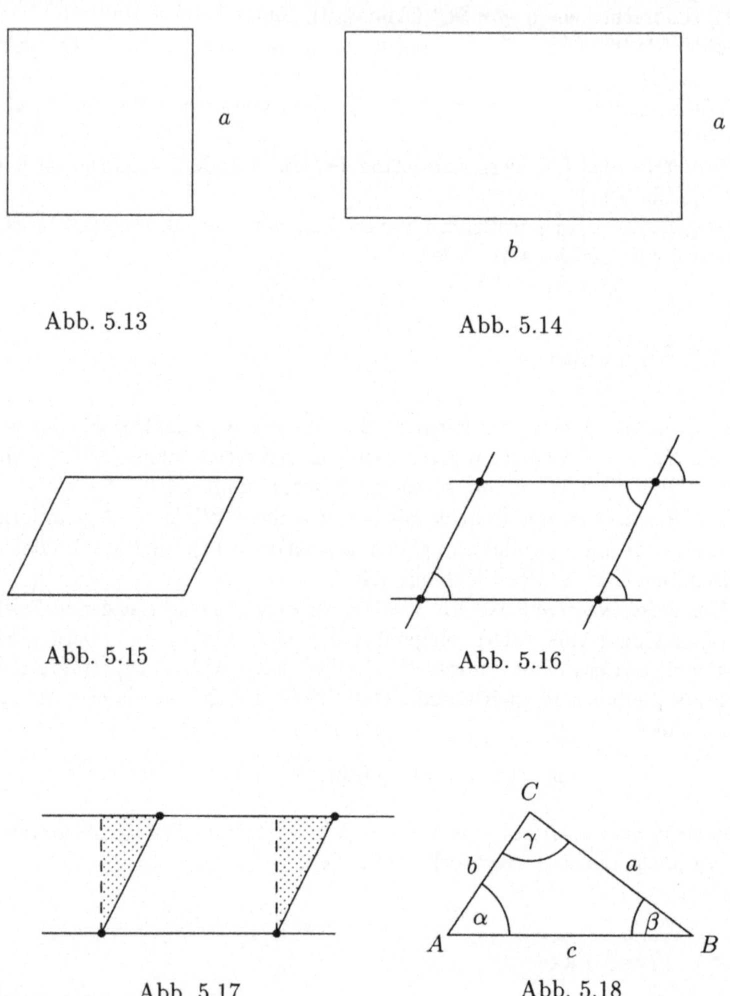

Abb. 5.13

Abb. 5.14

Abb. 5.15

Abb. 5.16

Abb. 5.17

Abb. 5.18

Die Winkelsumme im Dreieck beträgt immer 180°, also $\alpha+\beta+\gamma = 180°$. Das erkennt man an Abb. 5.19, in der für α einmal Stufenwinkel, für γ einmal Stufen- und einmal Wechselwinkel auftreten.

Der Flächeninhalt eines Dreiecks berechnet sich nach der Formel $F = \frac{1}{2}ch$ (Abb. 5.20). Das ergibt sich daraus, daß zwei gleich große Dreiecke ein Parallelogramm mit Grundseite c und Höhe h ergeben (Abb. 5.21).

Ein *gleichseitiges* Dreieck ist eins, in dem die drei Seiten gleich lang sind. Dann sind auch die drei Winkel gleich und wegen $\alpha + \beta + \gamma = 180°$ alle gleich 60° (Abb. 5.22).

Ein *gleichschenkliges* Dreieck ist eins mit zwei gleichen Seiten (etwa $a = b$); dann sind auch die entsprechenden Winkel gleich ($\alpha = \beta$) (Abb. 5.23).

Ein *rechtwinkliges* Dreieck ist eins, in dem ein Winkel - meistens wählt man γ - ein rechter Winkel, d. h. gleich 90°, ist (Abb. 5.24 und 5.25). Die längste Seite liegt dem rechten Winkel gegenüber; sie heißt *Hypotenuse*. Die anderen beiden liegen dem rechten Winkel an, stehen also senkrecht aufeinander; sie heißen *Katheten*. Für den Flächeninhalt gilt $F = \frac{1}{2}ab$, denn zur Grundseite b ist a die Höhe.

Über das rechtwinklige Dreieck gibt es eine ganze Theorie, auf die wir noch zu sprechen kommen werden (Kapitel 8).

5.5 Der Kreis

Zu den einfachsten geometrischen Figuren gehört auch der *Kreis*. Ein Kreis besteht aus der Menge aller Punkte, die von einem festen Punkt - dem *Mittelpunkt* des Kreises - einen festen Abstand r haben (Abb. 5.26). Dieser Abstand r ist der *Radius*, $2r$ ist der *Durchmesser* des Kreises. Für Flächeninhalt F und Umfang U des Kreises gelten die Formeln

$$F = \pi r^2, \; U = 2\pi r,$$

wobei π die Kreiszahl $\pi = 3,14\ldots$ ist. Der Beweis dieser Formeln ist nicht elementar und gehört zum Stoff des ersten Jahres des Mathematik-Studiums.

Zwischen Kreis und rechtwinkligem Dreieck besteht ein interessanter Zusammenhang (*„Thaleskreis"*); historisch ist es eine der ersten mathematischen Entdeckungen überhaupt. In einem Dreieck, dessen Seite c der

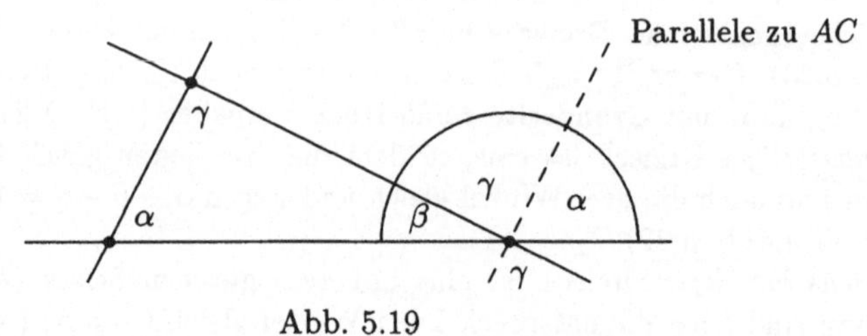

Abb. 5.19

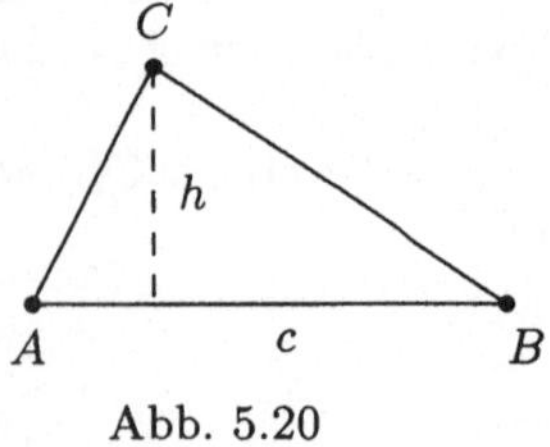

Abb. 5.20

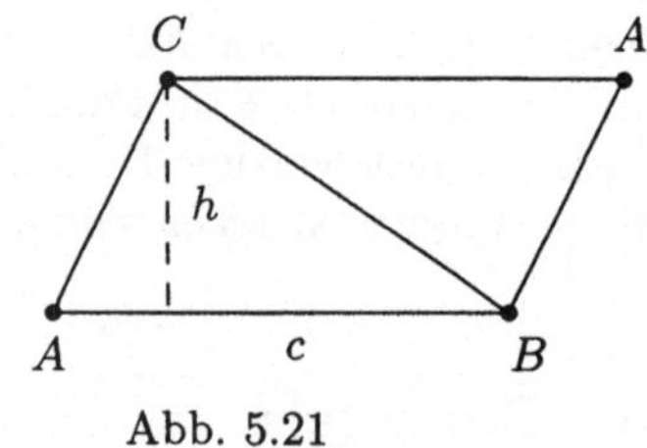

Abb. 5.21

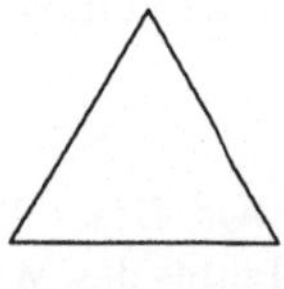
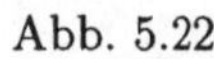

Abb. 5.22

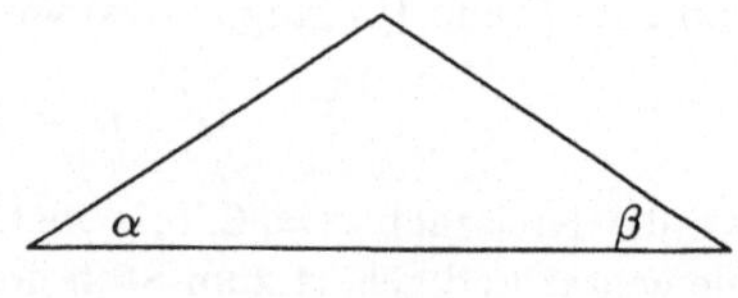

Abb. 5.23

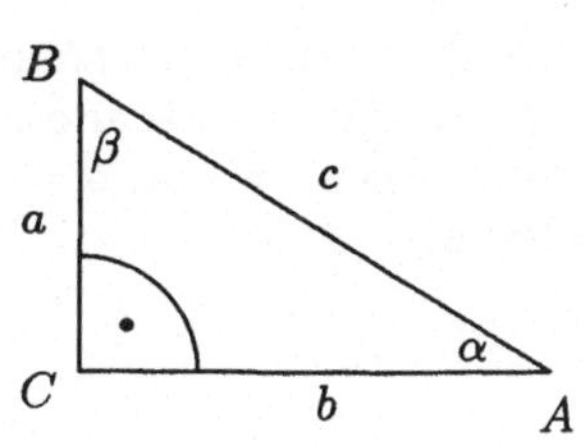

Abb. 5.24

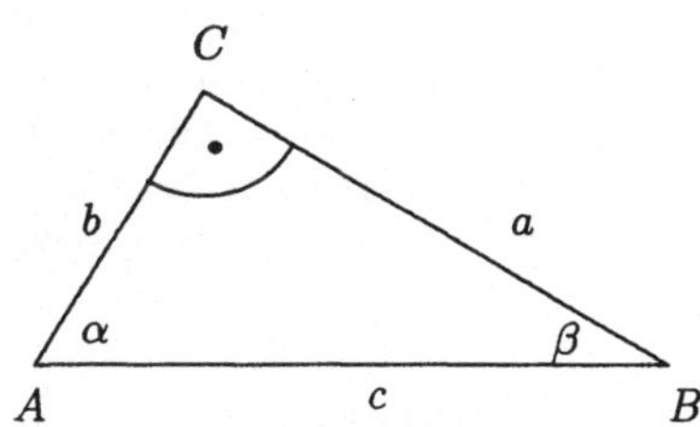

Abb. 5.25

Abb. 5.26

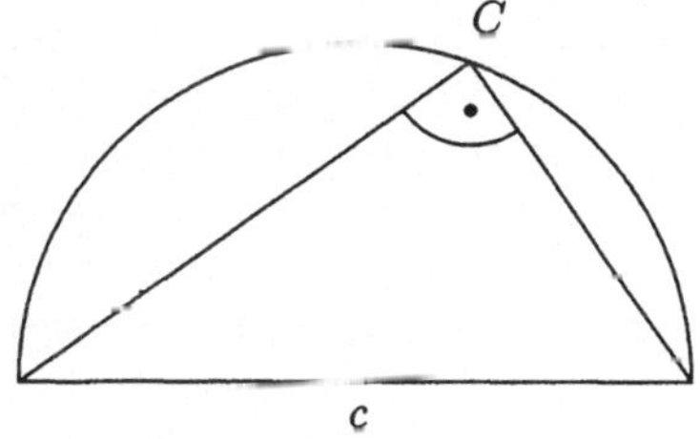

Abb. 5.27

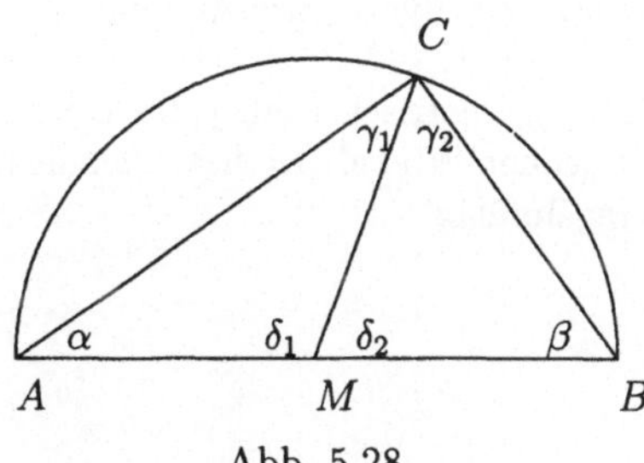

Abb. 5.28

Durchmesser eines Kreises und dessen dritter Punkt C auf dem Kreis liegt, ist der Winkel γ immer ein rechter Winkel (Abb. 5.27).

Man erkennt dies an Abb. 5.28, in die noch der Mittelpunkt M und die Strecke CM eingetragen sind. Dann ist $AM = CM = BM$, also hat man gleichschenkelige Dreiecke AMC und MBC, also ist $\alpha = \gamma_1$, $\beta = \gamma_2$. Dann gilt $180° = \alpha + \beta + \gamma = \gamma_1 + \gamma_2 + \gamma = 2\gamma$, also $\gamma = 90°$.

5.6 Symmetrie

Der Begriff der *Symmetrie* ist einer der Grundbegriffe der Mathematik. Bei der Untersuchung jedes mathematischen Objektes spielt die Untersuchung seiner Symmetrien eine hervorragende Rolle. In der ebenen Geometrie tritt uns dieser allgemeine Begriff in der Form von *Spiegelsymmetrie* und *Rotationssymmetrie* entgegen. Eine Figur ist spiegelsymmetrisch, wenn sie bei Spiegelung an einer Geraden, der *Symmetrie-Achse* in sich übergeht (Abb. 5.29). Eine Figur ist rotationssymmetrisch, wenn sie bei Drehung um einen festen Punkt und einen bestimmten Winkel in sich übergeht (Abb. 5.30). Ein Körper ist um so „regelmäßiger", je mehr Symmetrien er hat.

Beispiel: Ein beliebiges Dreieck hat keine Symmetrie-Achse, ein gleichschenkliges Dreieck hat eine Symmetrie-Achse, ein gleichseitiges drei, nämlich die Winkelhalbierenden.

Ein Parallelogramm hat keine Symmetrie-Achse, ist aber rotationssymmetrisch um den Schnittpunkt der Diagonalen mit einem Drehwinkel von $180°$. Ein Rechteck hat zwei Symmetrie-Achsen, ein Quadrat vier (Abb. 5.31 bis 5.33).

Ein Kreis ist spiegelsymmetrisch bzgl. jedes Durchmessers und rotationssymmetrisch mit jedem Winkel. Er hat unendlich viele Symmetrien und ist „besonders regelmäßig".

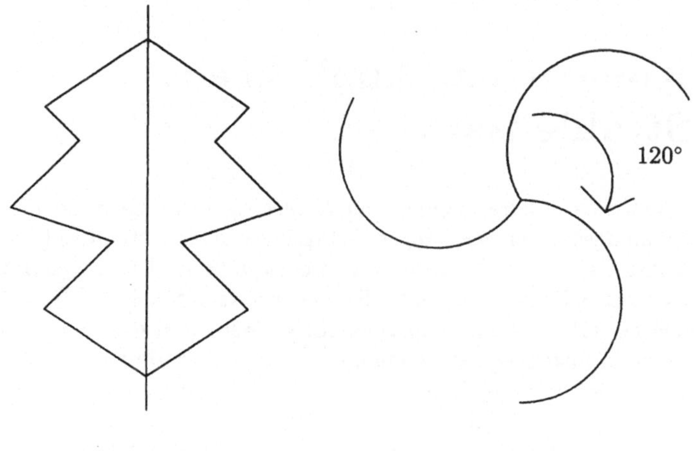

Abb. 5.29   Abb. 5.30

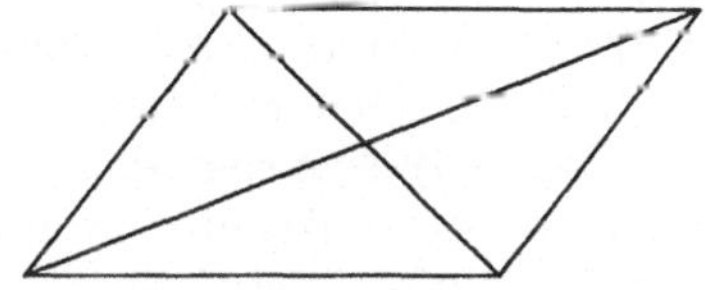

Abb. 5.31

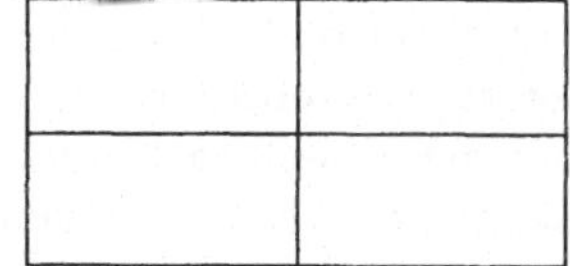

Abb. 5.32

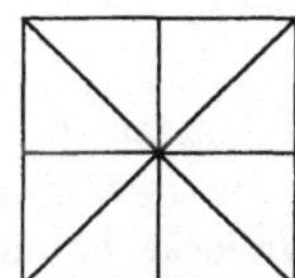

Abb. 5.33

6 Kongruenz, Ähnlichkeit, Strahlensatz

Zwei geometrische Figuren nennt man *kongruent*, wenn sie in allen ihren Bestimmungsstücken wie Längen, Winkel usw. übereinstimmen (Abb. 6.1). Nur ihre Lage in der Ebene ist verschieden. Z. B. sind zwei Quadrate mit gleicher Seitenlänge kongruent oder zwei Kreise mit gleichem Radius.

Für Dreiecke gibt es viele Kongruenz-Sätze. Zwei Dreiecke sind kongruent, wenn sie in folgenden Bestimmungsstücken übereinstimmen:

1) die Längen der drei Seiten, oder

2) eine Seite und die beiden anliegenden Winkel, oder

3) eine Seite, ein anliegender Winkel und die zugehörige Höhe (Abb. 6.2), oder

4) zwei Seiten und der eingeschlossene Winkel, usw.

Durch Angabe dieser Bestimmungsstücke ist also ein Dreieck (bis auf Kongruenz) bestimmt.

Bei *Drehungen* und *Spiegelungen* entstehen kongruente Figuren.

Zwei geometrische Figuren nennt man *ähnlich*, wenn die eine eine proportionale Vergrößerung oder Verkleinerung der anderen ist. (Zwei Vergrößerungen desselben Negativs in verschiedenem Format sind ähnlich.) Bei ähnlichen Figuren stimmen alle entsprechenden Winkel überein und entsprechende Seiten stehen in demselben Verhältnis. Zwei Kreise oder Quadrate sind immer ähnlich.

Sind $a, b, c, \ldots$ Seiten einer Figur und $a', b', c', \ldots$ die entsprechenden einer ähnlichen (Abb. 6.3), so gilt also $a' : a = b' : b = c' : c = \ldots$. Daraus folgt $a' : b' = a : b$. Das heißt: Zwei Seiten der einen Figur stehen in demselben Verhältnis wie die entsprechenden der anderen. Zwei Dreiecke sind ähnlich, wenn sie gleiche Winkel haben.

Aus dieser Tatsache folgt der *Strahlensatz*: Zwei Halbstrahlen, die von A ausgehen und den Winkel α einschließen, sollen von zwei Parallelen geschnitten werden (Abb. 6.4). Die entstehenden Dreiecke haben dann gleiche Winkel, sind also ähnlich, also

$$\frac{AB'}{AB} = \frac{AC'}{AC} = \frac{B'C'}{BC}, \quad \frac{AB}{AC} = \frac{AB'}{AC'}, \quad \text{usw.}$$

Bei *Parallelprojektion* entsteht eine *kongruente*, bei *Zentralprojektion* eine *ähnliche* Figur (Abb. 6.5 und 6.6).

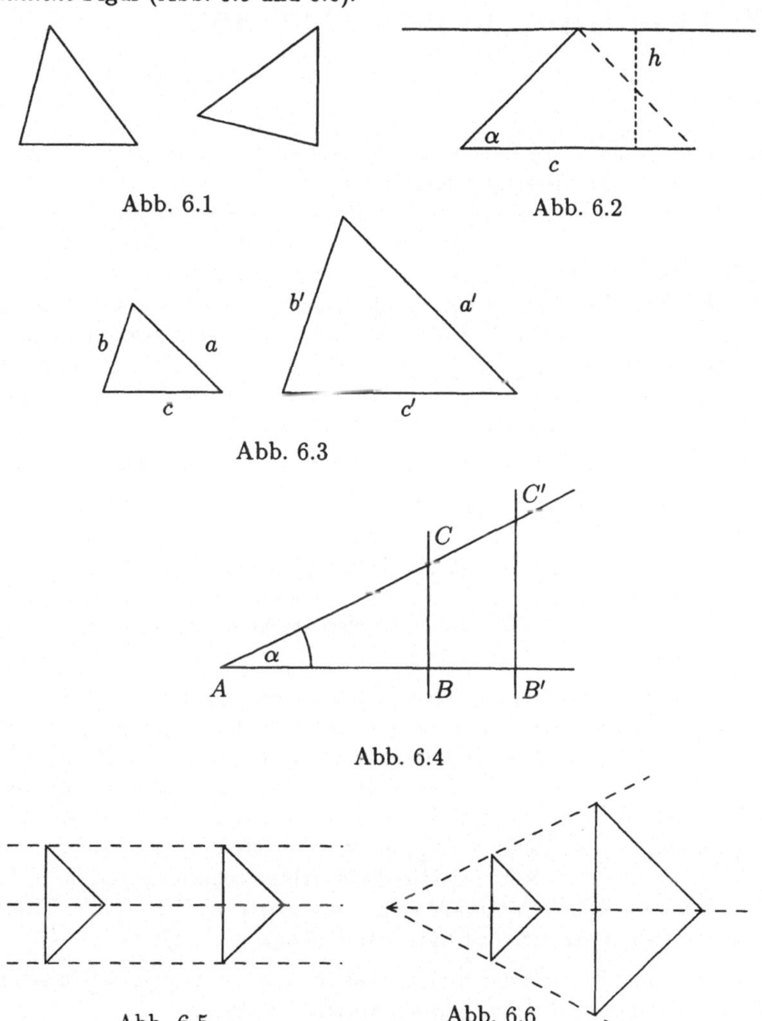

Abb. 6.1

Abb. 6.2

Abb. 6.3

Abb. 6.4

Abb. 6.5

Abb. 6.6

7 Geometrie des Dreiecks

Das Dreieck hat viele interessante Eigenschaften; einige der wichtigsten werden in diesem Abschnitt kurz besprochen.

Vorweg müssen wir uns an die Begriffe Mittelsenkrechte und Winkelhalbierende erinnern. Zu einer Strecke AB ist die *Mittelsenkrechte* diejenige Gerade, die senkrecht auf AB steht und durch den Mittelpunkt der Strecke AB geht (Abb. 7.1). Sie besteht aus allen Punkten P, die von A und B denselben Abstand haben. Zu einem Winkel, der durch zwei sich schneidende Geraden g, h gegeben ist, ist die *Winkelhalbierende* die Gerade, die diesen Winkel in zwei gleiche Teile teilt. Auf der Winkelhalbierenden liegen alle Punkte, die von g und h denselben Abstand haben (Abb. 7.2).

Satz *Die drei Mittelsenkrechten zu den drei Seiten eines Dreiecks schneiden sich immer in einem Punkt. Dieser Punkt ist Mittelpunkt des* Umkreises *des Dreiecks.*

Bemerkung dazu: Hat man drei beliebige Geraden, so schneiden diese sich im allgemeinen nicht in einem Punkt. Es ist also a priori gar nicht selbstverständlich, daß die drei Mittelsenkrechten sich in einem Punkt schneiden.

Man sieht diese Tatsache folgendermaßen ein (vgl. Abb. 7.3): Wir betrachten zunächst die zwei Mittelsenkrechten zu den Seiten a und b. Weil sie nicht parallel sind, schneiden sie sich in einem Punkt P. Dann hat P denselben Abstand von den Enden der Seite a, also von B und C, aber auch denselben Abstand von A und C. Also hat P denselben Abstand von A und B. Das heißt, P liegt auf der Mittelsenkrechten zur Seite c. Oder anders gesagt: Alle drei Mittelsenkrechten schneiden sich in P. Da die Abstände AP, BP, CP alle gleich sind, liegen A, B, C auf dem Kreis mit Radius $r = AP$ um P. Das ist der *Umkreis*.

Satz *Die drei Winkelhalbierenden eines Dreiecks schneiden sich in einem Punkt. Dieser ist Mittelpunkt des* Inkreises *des Dreiecks.*

Der Beweis dieser Tatsache verläuft ganz ähnlich wie eben (vgl. Abb. 7.4): Wir betrachten zunächst den Schnittpunkt P der Winkelhalbierenden

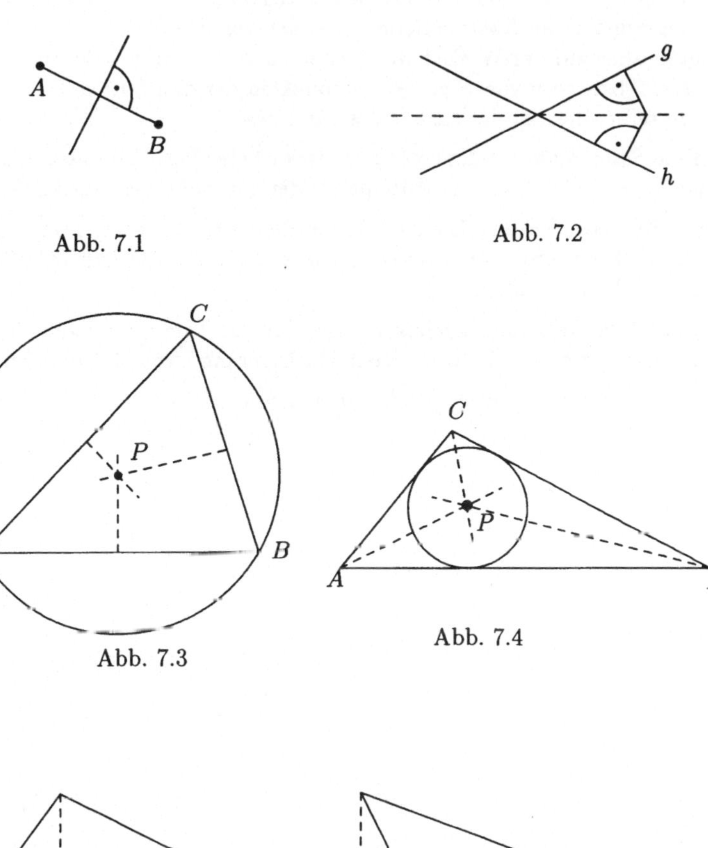

Abb. 7.1

Abb. 7.2

Abb. 7.3

Abb. 7.4

Abb. 7.5

Abb. 7.6

zu α und β. Er ist einerseits von den Seiten b und c, andererseits von den Seiten a und c gleichweit entfernt, also auch von den Seiten a und b. Dann liegt er aber auf der Winkelhalbierenden zu γ, d. h. diese geht auch durch P. Der Abstand r von P zu den Fußpunkten der drei Lote auf die Seiten ist derselbe; dies ist der Radius des *Inkreises*.

Eine *Seitenhalbierende* in einem Dreieck ist eine Verbindungsstrecke zwischen einer Ecke und dem Mittelpunkt der gegenüberliegenden Seite.

Satz *Die drei Seitenhalbierenden schneiden sich in einem Punkt. (Dies ist der* Schwerpunkt *des Dreiecks.) Dieser Schnittpunkt teilt jede Seitenhalbierende im Verhältnis 2:1.*

Eine *Höhe* in einem Dreieck ist das Lot von einem Eckpunkt auf die gegenüberliegende Seite bzw. deren Verlängerung (Abb. 7.5 und 7.6).

Satz *Die Verlängerungen der drei Höhen eines Dreiecks schneiden sich in einem Punkt.*

8   Das rechtwinklige Dreieck

8.1   Der Satz von Pythagoras

Wir betrachten ein rechtwinkliges Dreieck mit rechtem Winkel γ (Abb. 5.25). Der berühmteste Satz dazu ist der *Satz von Pythagoras* (Abb. 8.1)

$$a^2 + b^2 = c^2 \, .$$

Der Satz von Pythagoras hängt eng mit dem *Höhensatz* zusammen

$$h^2 = c_1 c_2 \, .$$

Dabei ist h die Höhe auf c und c_1, c_2 sind die durch den Fußpunkt von h abgeteilten Stücke von c (Abb. 8.2).

Ein einfacher Beweis des Satzes von Pythagoras ist der folgende. Man betrachte Abb. 8.3 mit einem Quadrat der Seitenlänge c. Wegen $\alpha + \beta = 90^\circ$ paßt das Dreieck viermal in das Quadrat, so daß in der Mitte ein Quadrat der Seitenlänge $a - b$ übrigbleibt ($a \geq b$ angenommen). Es ist also

$$c^2 = 4F + (a - b)^2 \, ,$$

und für den Flächeninhalt F des Dreiecks gilt $F = \frac{1}{2}ab$. Mit der binomischen Formel folgt

$$c^2 = 2ab + a^2 - 2ab + b^2 = a^2 + b^2 \, .$$

Den Höhensatz sieht man so (Abb. 8.2): Die Dreiecke AMC, CMB sind ähnlich, weil sie gleiche Winkel haben, nämlich α, β und $90°$. Also sind entsprechende Seitenverhältnisse gleich. Insbesondere ist $h : c_1 = c_2 : h$, also $h^2 = c_1 c_2$.

Mit einem ganz ähnlichen Argument erhält man auch den Satz von Pythagoras: Weil CMB ähnlich zu ABC ist, folgt $a : c_2 = c : a$, also $a^2 = cc_2$. Weil AMC ähnlich zu ABC ist, folgt $b : c_1 = c : b$, also $b^2 = cc_1$. Also ist

$$a^2 + b^2 = cc_2 + cc_1 = c(c_1 + c_2) = c^2.$$

Das bekannteste Beispiel für den Satz von Pythagoras ist das rechtwinklige Dreieck mit den Seitenlängen $3, 4, 5$. Es ist

$$3^2 + 4^2 = 5^2.$$

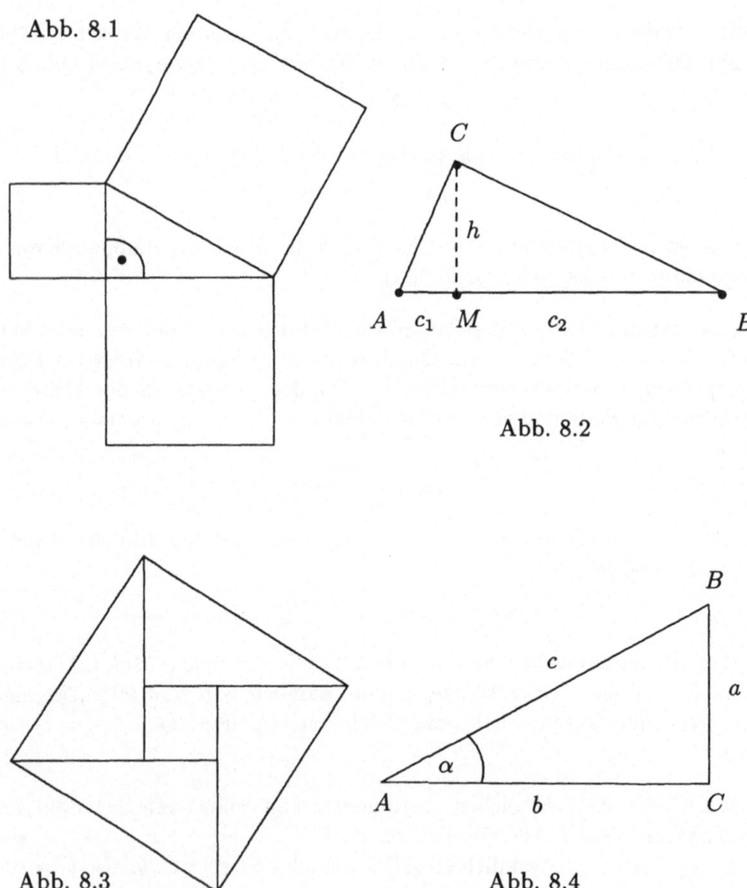

Abb. 8.1

Abb. 8.2

Abb. 8.3   Abb. 8.4

8.2 Trigonometrische Funktionen

Wir betrachten jetzt ein rechtwinkliges Dreieck mit rechtem Winkel γ, das wir jedoch wie in Abb. 8.4 legen: Für den Winkel α definiert man die drei Winkelmaße *Sinus*, *Cosinus* und *Tangens* folgendermaßen:

$$\sin(\alpha) \;=\; \frac{a}{c} \quad (= \text{Gegenkathete : Hypotenuse})$$

$$\cos(\alpha) \;=\; \frac{b}{c} \quad (= \text{Ankathete : Hypotenuse})$$

$$\tan(\alpha) \;=\; \frac{a}{b} \quad (= \text{Verhältnis der Katheten}).$$

Ersetzt man das Dreieck durch ein anderes mit demselben Winkel α, so ist wegen der Ähnlichkeit von ABC und $AB'C'$

$$\frac{a}{c} = \frac{a'}{c'}\,,\; \frac{b}{c} = \frac{b'}{c'}\,,\; \frac{a}{b} = \frac{a'}{b'}\,,$$

d. h. Sinus, Cosinus und Tangens hängen wirklich nur von α ab und nicht davon, wie groß das Dreieck mit dem Winkel α gewählt ist.

Für die trigonometrischen Funktionen gibt es eine große Zahl von Formeln, von denen wir nur eine Auswahl behandeln.

$$\sin^2(\alpha) + \cos^2(\alpha) = 1\,, \tag{8.2.1}$$

denn mittels des Satzes von Pythagoras sieht man

$$\sin^2(\alpha) + \cos^2(\alpha) = \frac{a^2}{c^2} + \frac{b^2}{c^2} = \frac{1}{c^2}(a^2 + b^2) = 1\,.$$

Wegen 8.2.1 kann man $\cos(\alpha)$ berechnen, wenn man $\sin(\alpha)$ kennt, und umgekehrt

$$\cos(\alpha) = \sqrt{1 - \sin^2(\alpha)}\,.$$

Offensichtlich ist

$$\tan(\alpha) = \frac{\sin(\alpha)}{\cos(\alpha)}\,. \tag{8.2.2}$$

Folgende Formeln heißen *Additionstheoreme*

$$\begin{aligned}
\sin(\alpha \pm \beta) &= \sin(\alpha)\cos(\beta) \pm \sin(\beta)\cos(\alpha) & (8.2.3)\\
\cos(\alpha \pm \beta) &= \cos(\alpha)\cos(\beta) \mp \sin(\alpha)\sin(\beta)\,, & (8.2.4)
\end{aligned}$$

speziell für $\alpha = \beta$

$$\begin{aligned}
\sin(2\alpha) &= 2\sin(\alpha)\cos(\alpha)\\
\cos(2\alpha) &= \cos^2(\alpha) - \sin^2(\alpha)\,.
\end{aligned}$$

Spezielle Werte sind

$$\sin(30°) = \frac{1}{2}\,,\quad \sin(45°) = \frac{1}{\sqrt{2}}\,,\quad \sin(60°) = \frac{\sqrt{3}}{2}\,.$$

Diese Werte erhält man durch Betrachtung der rechtwinkligen Dreiecke aus Abb. 8.5, 8.6, bei denen man die Längen der Seiten mittels Pythagoras ausrechnen kann.

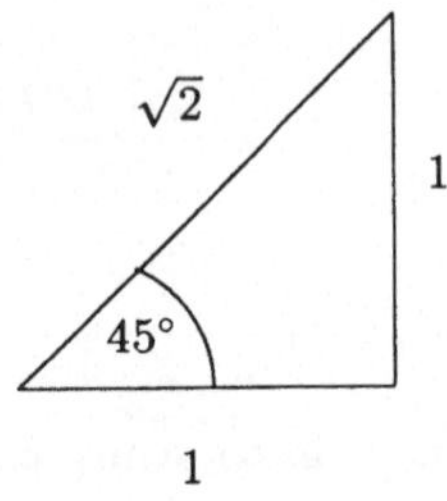

Abb. 8.5

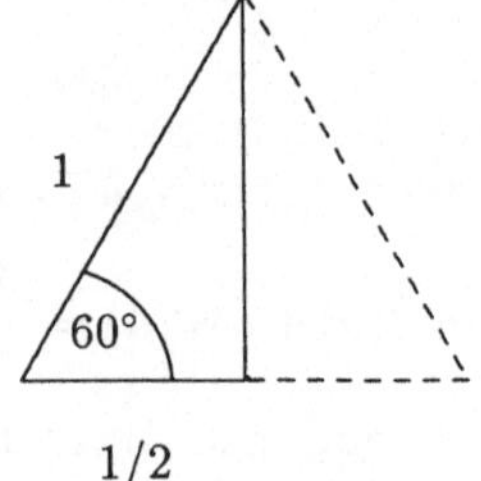

Abb. 8.6

9   Geometrische Figuren im Raum

In diesem Abschnitt betrachten wir die einfachsten geometrischen Figuren im Raum.

Bei einem *Würfel* haben alle Kanten die gleiche Länge a; in jeder Ecke stehen die Kanten senkrecht aufeinander. Ein Würfel ist begrenzt durch 6 Quadrate; er hat 8 Ecken, 12 Kanten (und 6 Seiten). Sein *Volumen V* (oder Rauminhalt) ist $V = a^3$.

Bei einem *Quader* stehen die drei Kanten, die sich in einer Ecke treffen, senkrecht aufeinander. Er ist begrenzt durch 6 Rechtecke; gegenüberlie gende Seiten sind kongruent. Für das Volumen gilt $V = abc$, wobei a, b, c die Längen der drei Kanten sind.

Ein *Parallelotop* (oder Spat, oder Parallelepiped) ist begrenzt durch 6 Parallelogramme, von denen gegenüberliegende parallel und kongruent sind.

Jeder Würfel ist ein Quader und jeder Quader ein Parallelotop.

Ein *Prisma* (im allgemeinsten Sinne) ist eine Figur mit beliebiger ebener Grundfläche und parallel verschobener Deckfläche (Abb. 9.1). Es hat das Volumen $V = Fh$, wobei F der Flächeninhalt der Grundfläche und h die Höhe ist.

Ein Parallelotop ist ein Prisma mit einem Parallelogramm als Grundfläche.

Ein *Zylinder* ist ein Prisma mit einem Kreis als Grundfläche. Das Volumen ist also $V = hr^2\pi$. Der Zylindermantel hat die Fläche $2hr\pi$. Nach „Abwicklung" in eine Ebene ist er nämlich ein Rechteck mit den Seitenlängen $h = $ Höhe und $2\pi r = $ Kreisumfang.

Eine *Pyramide* mit beliebiger Grundfläche F hat das Volumen $V = \frac{1}{3}Fh$, wobei h die Höhe ist.

Speziell der *Kegel* mit kreisförmiger Grundfläche hat das Volumen $V = \frac{1}{3}hr^2\pi$.

Eine *Kugel* mit Radius r, also Durchmesser $2r$, hat das Volumen $V = \frac{4}{3}r^3\pi$ und die Oberfläche $4r^2\pi$.

Übungsaufgabe: Die Erdkugel hat ungefähr einen Radius von 6378 km. Berechne Volumen und Oberfläche der Erde und Länge des Äquators.

Beispiel: Man betrachte einen Zylinder mit Höhe $2r$, wobei r der Radius der Grundfläche ist, und die einbeschriebene Kugel vom Radius r und den einbeschriebenen Kegel (Abb. 9.2). Die drei Volumina sind

$$\text{Zylinder:} \quad 2r^3\pi, \qquad \text{Kugel:} \quad \tfrac{4}{3}r^3\pi, \qquad \text{Kegel:} \quad \tfrac{2}{3}r^3\pi.$$

Sie haben also das Verhältnis $3 : 2 : 1$. Diese Entdeckung hat Archimedes vor mehr als 2000 Jahren gemacht.

Eine Pyramide mit einem Dreieck als Grundfläche heißt *Tetraeder*. Oft denkt man bei diesem Wort aber an das *regelmäßige* Tetraeder, das vier gleichseitige Dreiecke als Seitenflächen hat. Die „Doppelpyramide", die bei quadratischer Grundfläche von acht gleichseitigen Dreiecken begrenzt wird, heißt *Oktaeder*. Tetraeder, Würfel und Oktaeder sind *platonische Körper* , das sind Polyeder („Vielflächner"), die kongruente regelmäßige $n-$Ecke als Seitenflächen haben und bei denen in allen Ecken gleich viele Flächen zusammentreffen. Es war schon im Altertum bekannt, daß es außer diesen drei nur noch zwei weitere platonische Körper gibt, den *Dodekaeder*, der von 12 regelmäßigen Fünfecken begrenzt wird, und den *Ikosaeder*, der von 20 regelmäßigen Dreiecken begrenzt wird.

Übungsaufgabe: Man überlege sich Spiegel- und Drehsymmetrien aller genannten Körper.

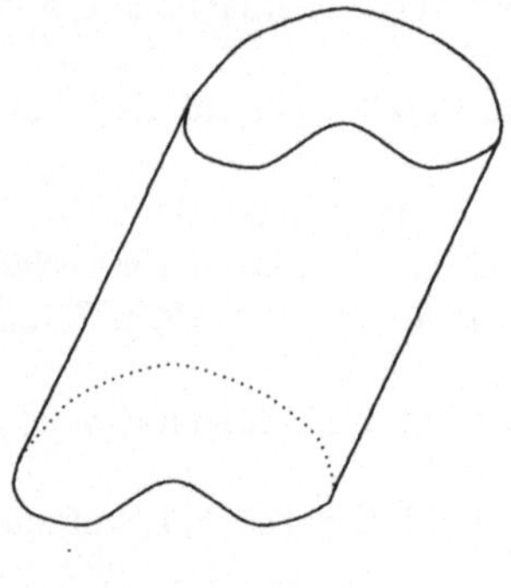

Abb. 9.1

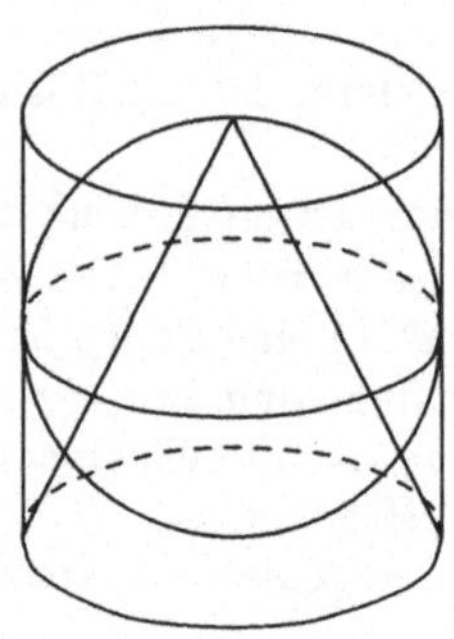

Abb. 9.2

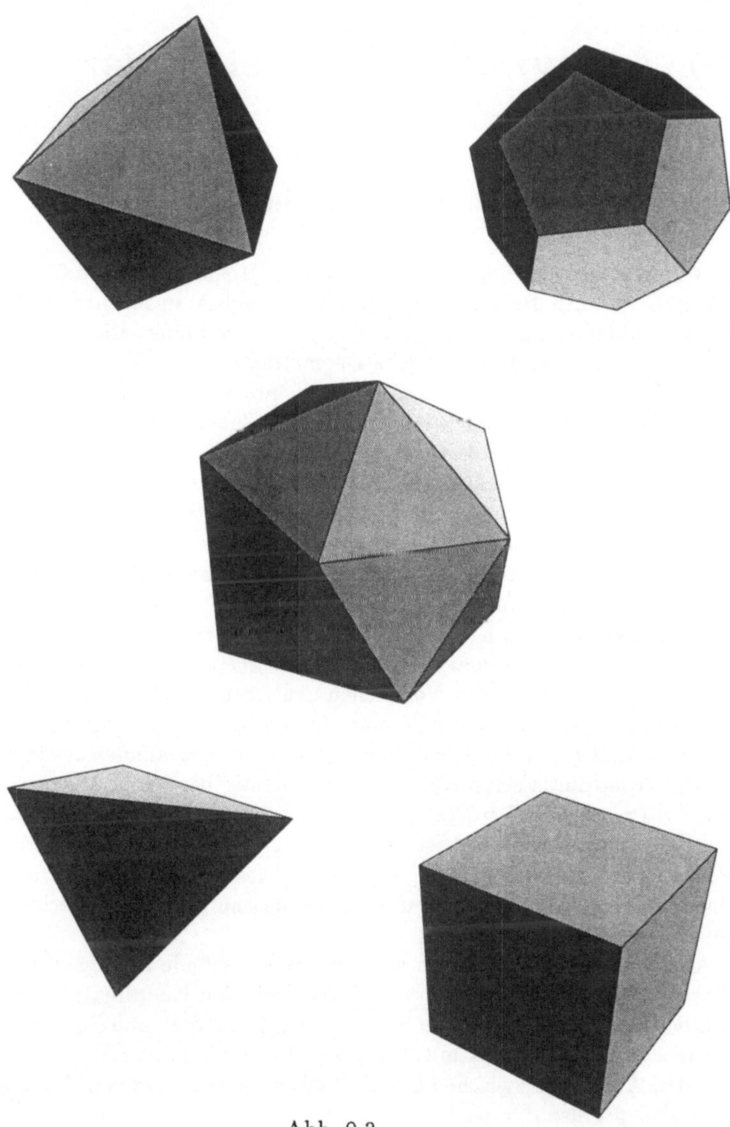

Abb. 9.3

10 Analytische Geometrie der Ebene

10.1 Kartesische Koordinaten

Es war eine wegweisende Idee von Descartes (1596 - 1650), die Geometrie der rechnerischen Behandlung dadurch zugänglich zu machen, daß man Punkte zahlenmäßig durch ihre Koordinaten beschreibt. Diese „rechnerische Geometrie" heißt analytische Geometrie.

Punkte werden folgendermaßen durch ihre Koordinaten beschrieben: Man wählt in der Ebene zunächst einen *Nullpunkt* 0. Durch diesen legt man zwei senkrecht aufeinander stehende Geraden, die *Koordinaten-Achsen*. Die eine heißt üblicherweise x-Achse, die andere y-Achse. Die x-Achse nennt man auch *Abszisse*, die y-Achse *Ordinate*. x- und y-Achse identifiziert man jeweils mit der Zahlengeraden. Auf der x-Achse werden nach rechts die positiven reellen Zahlen abgetragen, nach links die negativen. Auf der y-Achse verfährt man ähnlich.

Hat man jetzt einen beliebigen Punkt P der Ebene, so fällt man das Lot auf die x-Achse und erhält einen Fußpunkt $x(P)$; $x = x(P)$ ist also eine reelle Zahl, die bis auf das Vorzeichen den Abstand des Fußpunktes vom Nullpunkt angibt. Ebenso fällt man das Lot auf die y-Achse und erhält den Fußpunkt $y = y(P)$. Die Zahlen x, y sind die *Koordinaten* des Punktes P. Dieser ist durch seine Koordinaten eindeutig bestimmt. Man schreibt oft $P = (x, y)$ oder $P = P(x, y)$. (Vgl. Abb. 10.1.)

Jeder Punkt der Ebene ist also durch zwei reelle Zahlen - durch ein *Paar* reeller Zahlen - eindeutig bestimmt. Diese *Koordinaten-Darstellung* eines Punktes kann man oft benutzen, wenn es um konkrete Berechnungen geht.

Als Beispiel dafür erläutern wir jetzt, wie Abstände berechnet werden: Was ist der Abstand des Punktes $P(x, y)$ mit den Koordinaten x, y vom Nullpunkt? Um diese Frage zu beantworten, betrachtet man (in Abb. 10.1) das rechtwinklige Dreieck mit den Ecken $0 = (0, 0)$, $x = (x, 0)$, $P = (x, y)$. Für den Abstand d zwischen 0 und P gilt nach dem Satz von Pythagoras $d^2 = x^2 + y^2$, also $d = \sqrt{x^2 + y^2}$.

Was ist der Abstand zweier beliebiger Punkte $P(x, y)$ und $P(u, v)$ von einander? Man betrachtet (Abb. 10.2) das rechtwinklige Dreieck mit den Eckpunkten (x, y), (x, v) und (u, v). Bis auf das Vorzeichen ist die Länge der Katheten $y - v$ und $u - x$. Für den gesuchten Abstand d gilt also nach Pythagoras

$$d^2 = (u - x)^2 + (v - y)^2, \ d = \sqrt{(u - x)^2 + (v - y)^2}.$$

Diese Formel gilt, gleichgültig, ob die Koordinaten positiv oder negativ sind.

10.2 Der $\mathbb{R}^2$

Vom mathematischen Standpunkt ist die Diskussion des letzten Abschnittes 10.1 unbefriedigend, da verschiedenes „Vorwissen" ohne weitere Erläuterung benutzt wurde, z. B. die Begriffe senkrecht, Lot, der Satz von Pythagoras usw. Bei einem streng mathematischen Aufbau umgeht man das und stützt sich einzig und allein auf den Begriff der reellen Zahl; mehr wird an Begriffen und Kenntnissen nicht benötigt. Grundlage ist der $\mathbb{R}^2$, das ist per Definition die Menge aller Paare von reellen Zahlen:

$$\mathbb{R}^2 = \{(x, y) | x \in \mathbb{R}, \ y \in \mathbb{R}\}.$$

Die Elemente von $\mathbb{R}^2$ (also z. B. $(3, 4)$; $(0, -2)$, $(-7, 32\ldots, 4, 684\ldots)$) nennt man *Punkte*. Ein Punkt *ist* also per Definition einfach ein Paar, bestehend aus zwei reellen Zahlen (x, y). Die erste ist die x-Koordinate, die zweite die y-Koordinate des Punktes. Diese Definition erscheint vom geometrisch-anschaulichen Standpunkt sicher ungewohnt und abstrakt. Sie ermöglicht es aber, geometrische Sachverhalte präzise zu fassen. (Man stellt sich dann P vor als den Punkt der Ebene mit den Koordinaten x, y; das dient aber nur zur Veranschaulichung des Punktbegriffes.) Die Menge $\mathbb{R}^2$ wird dann auch *Ebene* (oder euklidische Ebene) genannt. Alle geometrischen Begriffe kann man nun einführen, ohne irgendwelche unerklärten Begriffe zu benutzen. Z. B. wird der *Abstand* von zwei Punkten (x, y) und (u, v) durch die obige Formel *definiert* als:

$$d = \sqrt{(u - x)^2 + (v - y)^2}. \tag{10.2.1}$$

(Hinter dieser Formel stecken jetzt nicht mehr der Satz von Pythagoras, Begriffe wie senkrecht, usw. ; es ist eine *Definition*, die nur den Begriff der reellen Zahl benötigt.)

Mit den Elementen des $\mathbb{R}^2$ - also Punkten - kann man auch einige Rechenoperationen ausführen. Man kann sie nach folgenden Formeln addieren und subtrahieren

$$(x,y) \pm (u,v) = (x \pm u, y \pm v).$$

Für die Addition gilt offensichtlich kommutatives und assoziatives Gesetz $P + Q = Q + P$, $(P + Q) + R = P + (Q + R)$. Der *Nullpunkt* $0 = (0,0)$ spielt die Rolle eines Nullelementes (eines „neutralen" Elementes) bzgl. der Addition $P + 0 = 0 + P = P$.

Man kann Punkte des $\mathbb{R}^2$ zwar nicht multiplizieren (jedenfalls nicht so ohne weiteres), aber man kann Punkte mit reellen Zahlen multiplizieren. Man definiert nämlich für $(x,y) \in \mathbb{R}^2$ und $a \in \mathbb{R}$ das Produkt $a(x,y)$ durch

$$a(x,y) = (ax, ay).$$

Dann gelten u. a. folgende Rechenregeln

$$\begin{aligned}
a(P + Q) &= aP + aQ \\
(a + b)P &= aP + bP \\
1P &= P \\
a(bP) &= (ab)P \, ,
\end{aligned}$$

die man alle sofort nachrechnet.

Man sagt, daß der $\mathbb{R}^2$ mit diesen Operationen (Addition und Multiplikation) ein *reeller Vektorraum* ist.

10.3 Vektoren

Oft ist es zweckmäßig, sich die Elemente des $\mathbb{R}^2$ nicht als Punkte, sondern als *Vektoren* vorzustellen. Vektoren sind *gerichtete* Strecken, also Größen, die einen Betrag (= Länge) und eine Richtung haben. Einem Punkt $P = (x,y)$ des $\mathbb{R}^2$ entspricht der Vektor, der von $0 = (0,0)$ nach (x,y) geht (vgl. Abb. 10.3). (Vektoren und Punkte sind also mathematisch dasselbe; nur die geometrische Interpretation, die sich damit verbindet, ist verschieden.)

Betrachtet man die in 10.2 erklärte Addition für Vektoren, so sieht man, daß die Summe $P + Q$ geometrisch durch den vierten Eckpunkt in dem Parallelogramm mit den Ecken 0, P, Q gegeben wird (Abb. 10.4). Diese Figur nennt man auch *Parallelogramm der Kräfte*. Damit hat es folgendes auf sich: Viele physikalische Größen werden durch Vektoren beschrieben, nämlich solche, die außer einer Stärke (Größe, Betrag) auch eine Richtung haben, z. B. Kräfte, Geschwindigkeiten, elektrische und magnetische Feldstärken usw. Setzen zwei verschiedene Kräfte in einem Punkt an, so ergibt sich die „resultierende" Gesamtkraft durch die Vektoraddition.

Die Multiplikation von Vektoren mit einer Zahl (sog. *Skalarmultiplikation*) ist geometrisch ebenso einfach zu interpretieren: Das Produkt $a(x, y)$ ist die Streckung oder Stauchung des Vektors (x, y) um das a-fache. Ist a negativ, so wird die Richtung umgedreht.

Um zu demonstrieren, wie sich geometrische Begriffe rechnerisch erfassen lassen, soll jetzt noch der Begriff „senkrecht" behandelt werden. Wann stehen die Vektoren (x, y) und (u, v) mit Endpunkten P und Q senkrecht aufeinander?

An der Abbildung 10.5 sieht man, daß jedenfalls (x, y) und $(-y, x)$ senkrecht aufeinander stehen. Auf (x, y) stehen dann auch alle Vielfachen von $(-y, x)$ senkrecht, also alle Vektoren der Form $a(-y, x) = (-ay, ax)$. Damit ergibt sich: (u, v) steht also auf (x, y) senkrecht, falls $(u, v) = (-ay, ax)$ ist. Das ist aber gleichbedeutend mit

$$ux + vy = 0 \, . \tag{10.3.1}$$

Ergebnis: Zwei Vektoren (x, y) und (u, v) sind senkrecht, dann und nur dann, wenn die Gleichung 10.3.1 gilt.

Wir haben natürlich gar nicht gesagt, was „Senkrechtstehen" überhaupt bedeuten soll, sondern wieder an die geometrische Anschauung appelliert. Will man das nicht tun, so verwendet man 10.3.1 als *Definition*: (x, y) und (u, v) stehen per Definition senkrecht aufeinander (sind *orthogonal* zueinander) falls $ux + vy = 0$.

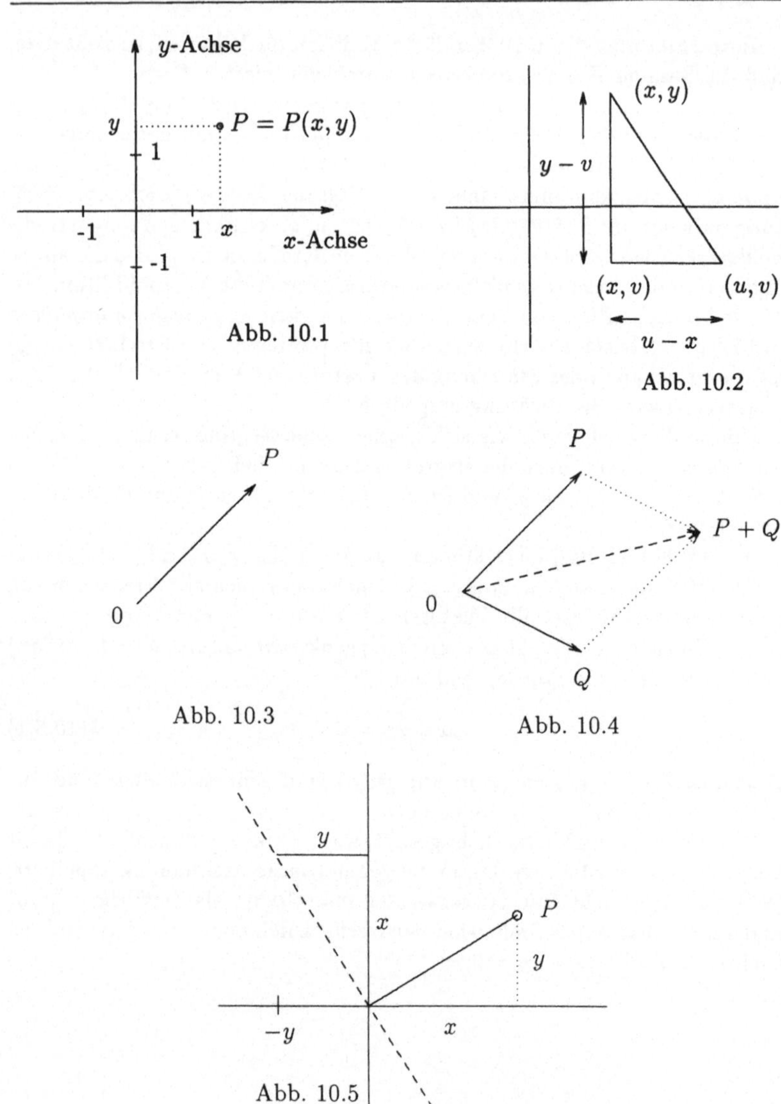

y-Achse
y
P = P(x,y)
1
-1
1 x
x-Achse
-1
Abb. 10.1
(x,y)
y − v
(x,v)
(u,v)
u − x
Abb. 10.2
P
0
Abb. 10.3
P
P + Q
0
Q
Abb. 10.4
y
x
P
y
−y
x
Abb. 10.5

11 Geraden in der Ebene

11.1 Die Geraden-Gleichung

Es ist eine elementare, aber für viele Anwendungen äußerst wichtige Aufgabe, Geraden in der Ebene - also im $\mathbb{R}^2$ - analytisch zu beschreiben. Mancher wird sich auch daran erinnern, daß die „Geraden-Gleichung" die Form

$$y = ax + b \qquad (11.1.1)$$

hat. Wir erläutern jetzt diese Gleichung und verschiedene Möglichkeiten, Geraden zu beschreiben.

Wir gehen zunächst von der Gleichung aus. Es sind dort a, b feste reelle Zahlen. Zu jedem $x \in \mathbb{R}$ gehört dann ein eindeutig bestimmtes y, nämlich $y = ax + b$, und es geht um die Menge aller dieser Punkte (x, y). Wir betrachten also

$$g = \{(x, y) | x \in \mathbb{R}, \, y = ax + b\} \, .$$

Wir wollen uns überlegen, daß diese Menge eine Gerade in der Ebene $\mathbb{R}^2$ ist. Dazu betrachten wir zunächst den Spezialfall, daß $b = 0$ ist. Wir haben dann $y = ax$, also

$$g = \{(x, ax) \mid x \in \mathbb{R}\} \, .$$

Statt (x, ax) kann man auch $x(1, a)$ schreiben. g besteht also aus allen Vielfachen des Vektors $(1, a)$, das heißt g ist die Gerade, die durch $0 = (0, 0)$ und $(1, a)$ geht (Abb. 11.1). Von besonderem Interesse ist der *Anstieg* oder die *Steigung* dieser Geraden. Per Definition ist das der Tangens des Neigungswinkels α gegen die x-Achse. Es ist also (Abb. 11.1):

$$\text{Steigung von } g = \tan(\alpha) = \frac{y}{x} = a \, .$$

Die Gerade g mit der Gleichung $y = ax + b$ entsteht aus der Geraden g' mit der Gleichung $y = ax$ offenbar dadurch, daß zu jeder y-Koordinate die Konstante b addiert wird. Also entsteht g aus g' durch Verschiebung um b in Richtung der y-Achse, genauer durch Verschiebung um den Vektor $(0, b)$.

Ergebnis: Die Gleichung $y = ax + b$ beschreibt eine Gerade g, die die y-Achse bei b schneidet und den *Anstieg* a hat.

11.2   Beschreibung von Geraden

Geraden können in verschiedener Weise beschrieben und charakterisiert werden, z. B.

1) durch zwei beliebige verschiedene Punkte $P = (p, q)$, $Q = (u, v)$ auf der Geraden;

2) durch einen beliebigen Punkt $P = (p, q)$ auf der Geraden und ihre Richtung;

3) durch einen beliebigen Punkt $P = (p, q)$ auf der Geraden und durch ihre Steigung a.

Von allen drei Charakterisierungen kommt man schnell zur Geradenglei-chung 11.1.1. Wir beginnen mit der dritten: Der Anstieg a ist ja schon gegeben. Um den „Ordinaten-Abschnitt" b zu bestimmen, nutzt man aus, daß sich für $x = p$ der Wert $y = q$ ergeben muß, also

$$q = ap + b \quad \text{oder} \quad b = q - ap \,.$$

Die Geraden-Gleichung ist also in diesem Fall

$$y = ax + (q - ap) \,. \tag{11.2.1}$$

Sind zwei Punkte P, Q wie in 1) gegeben, so kann man den Anstieg a mittels des „Steigungsdreiecks" ausrechnen. Aus diesem Dreieck (das wir im Prinzip schon bei der Abstandsberechnung in 10.1 benutzt haben) ergibt sich (vgl. Abb. 11.2)

$$a = \frac{v - q}{u - p} \,.$$

Weil g durch $P = (p, q)$ geht, ergibt sich nach 11.2.1

$$y = \frac{v - q}{u - p} x + (q - \frac{v - q}{u - p} p).$$

Die Klammer (den Ausdruck für b) kann man etwas vereinfachen. Dann lautet die Gleichung einer Geraden durch die Punkte (p, q) und (u, v):

$$y = \frac{v - q}{u - p} x + \frac{qu - pv}{u - p} \, . \tag{11.2.2}$$

Bemerkung: Zu diesem Fall 1) ist noch ein kleiner Kommentar erforderlich. Es könnte sein, daß P und Q „senkrecht übereinander" liegen, also $p = u$. Dann ist unsere Gerade eine Parallele zur y-Achse. Dieser Fall wird nicht durch 11.1.1 erfaßt. (Der Anstieg a ist gewissermaßen ∞.) Auch die Darstellung 11.2.2 existiert nicht, denn dort taucht der Nenner $0 = u - p$ auf.

Im Fall 2) ist außer dem Punkt $P = (p, q)$ ein Richtungsvektor $(c, d) \neq (0, 0)$ gegeben und g besteht aus allen Punkten

$$(p, q) + t(c, d) \, , \ t \in \mathbb{R} \, .$$

Ist $c = 0$, so erhält man wieder eine Parallele zur y−Achse. Andernfalls wird der Anstieg offenbar gegeben durch

$$a = \frac{d}{c} \, .$$

Die Gleichung einer Geraden durch $P = (p, q)$ mit Richtungsvektor (c, d), $c \neq 0$ ist damit gegeben durch

$$y = \frac{d}{c} x + (q - \frac{d}{c} p) \, . \tag{11.2.3}$$

11.3 Die Hessesche Normalform

Die Geraden-Gleichung 11.1.1 hat den Nachteil, daß sie Geraden, die parallel zur y-Achse verlaufen, nicht beschreibt. Diesen Nachteil hat man nicht, wenn man die Hessesche Normalform benutzt. Dies ist die Gleichung

$$cx + dy - e = 0 \ . \tag{11.3.1}$$

Hier sind c, d, e feste reelle Zahlen und c, d sind nicht *beide* 0. Die Gerade ist dann

$$g = \{(x, y) | cx + dy - e = 0\} \ .$$

Ist hier $d = 0$ (Ausnahmefall!), so muß $c \neq 0$ sein und $x = \frac{e}{c}$. Wir erhalten also die Parallele zur y–Achse durch $x = \frac{e}{c}$. Ist $d \neq 0$, so können wir die Gleichung nach y auflösen und erhalten

$$y = -\frac{c}{d}x + \frac{e}{d} \ .$$

Wir haben also die Gerade mit dem Anstieg $-\frac{c}{d}$ und dem Ordinatenabschnitt $\frac{e}{d}$.

Oft versteht man unter der Hesseschen Normalform auch eine speziellere Gleichung. Ist $\alpha \neq 90°$ der Neigungswinkel, so ist

$$a = tan(\alpha) = \frac{\sin(\alpha)}{\cos(\alpha)} \ .$$

Aus $y = ax + b$ folgt also durch Multiplikation mit $\cos(\alpha)$

$$\cos(\alpha)y - \sin(\alpha)x - \cos(\alpha)b = 0 \ ,$$

also eine Gleichung, die die Form 11.3.1 hat. Diese Gleichung wird noch etwas eleganter, wenn man den Winkel $\phi = \alpha + 90°$ der „Normalen" (= Senkrechten) zu g betrachtet. Es ist

$$\begin{aligned}
\cos(\phi) &= \cos(90° + \alpha) &= -\sin(\alpha) \ , \\
\sin(\phi) &= \sin(90° + \alpha) &= \cos(\alpha) \ .
\end{aligned}$$

Setzt man das in die letzte Gleichung ein, ergibt sich

$$\sin(\phi)y + \cos(\phi)x - e = 0 \, , \ e = b\sin(\phi). \tag{11.3.2}$$

Diese Gleichung beschreibt die Gerade auch im Fall $\alpha = 90°$, $\phi = 180°$, $\sin(\phi) = 0$. Aus Abbildung 11.3 ergibt sich, daß e bis auf das Vorzeichen der Abstand der Geraden vom Nullpunkt ist

$$\begin{aligned}
\cos(\alpha) &= \tfrac{e}{b} \, , \\
e &= b\cos(\alpha) = b\sin(\phi) \ .
\end{aligned}$$

e hat dasselbe Vorzeichen wie *b*.

Ergebnis: Eine Gerade *g* mit Anstiegswinkel α und Normalenwinkel $\phi = \alpha + 90°$ wird beschrieben durch (11.3.2). Dabei ist *e* bis auf das Vorzeichen der Abstand der Geraden vom Nullpunkt und *e* positiv (negativ), falls der Ordinatenabschnitt positiv (negativ) ist.

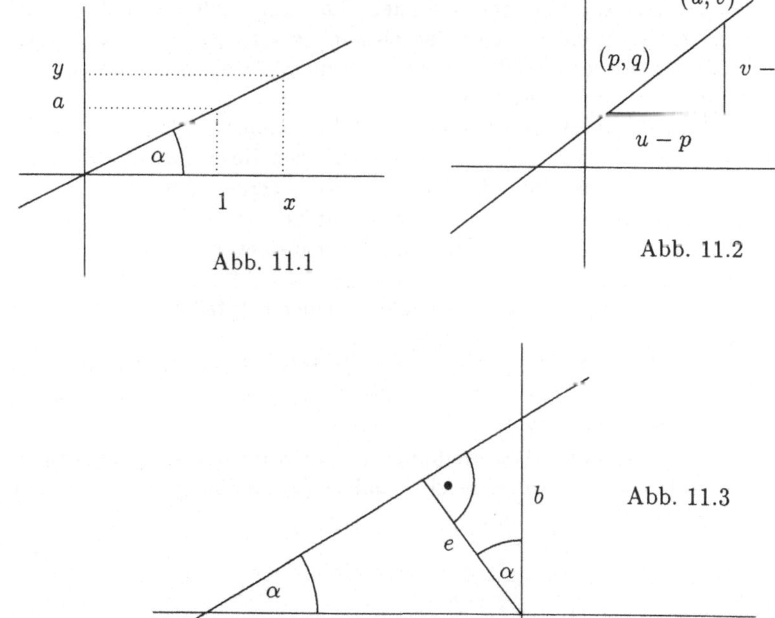

Abb. 11.1

Abb. 11.2

Abb. 11.3

12 Kegelschnitte. Kurven zweiten Grades

12.1 Kegelschnitte

Wir betrachten im dreidimensionalen Raum einen „Doppelkegel". Dieser entsteht durch Rotation einer Geraden G um eine andere Gerade (Drehachse), wobei die beiden Geraden sich in der „Kegelspitze" schneiden. Schneidet man einen solchen Kegel mit einer Ebene, so erhält man je nach Lage der Ebene verschiedene Kurven.

Kreis: Liegt die Ebene senkrecht zur Rotationsachse und geht sie nicht durch die Kegelspitze, so schneidet sie aus dem Kegel (damit ist immer die Mantelfläche gemeint) offenbar einen Kreis heraus (Abb. 12.1).

Ellipse: Steht die Ebene nicht senkrecht auf der Achse, aber ist die Neigung so, daß sie nur eine Kegelhälfte schneidet, so wird eine Ellipse ausgeschnitten.

Parabel: Verläuft die Ebene parallel zu einer Mantellinie, so wird eine Parabel ausgeschnitten (Abb. 12.2).

Hyperbel: Trifft die Ebene beide Kegel (z. B. wenn sie parallel zur Drehachse steht), so werden zwei Kurven herausgeschnitten, die beiden „Äste" einer Hyperbel (Abb. 12.3).

Die gerade gegebene Beschreibung der vier Kurven sollte man kennen. Im folgenden werden wir aber eine andere Beschreibung geben, die nur auf die Ebene Bezug nimmt.

12.2 Der Kreis

Ein Kreis besteht aus der Menge aller Punkte in der Ebene, die von einem vorgegebenen Punkt B - dem *Mittelpunkt* des Kreises - denselben Abstand $r > 0$ haben. r heißt der *Radius* des Kreises; $2r$ ist der Durchmesser des Kreises. Mit den Hilfsmitteln der analytischen Geometrie beschreibt man den Kreis so: Ist B der Punkt (a, b), so hat nach 10.2.1 (x, y) von (a, b) den Abstand

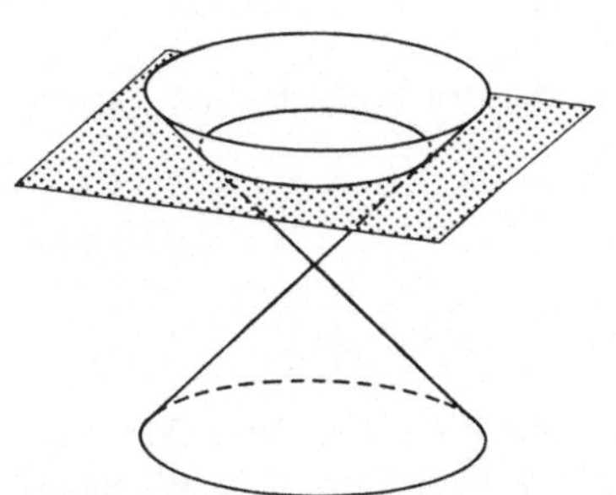

Abb. 12.1

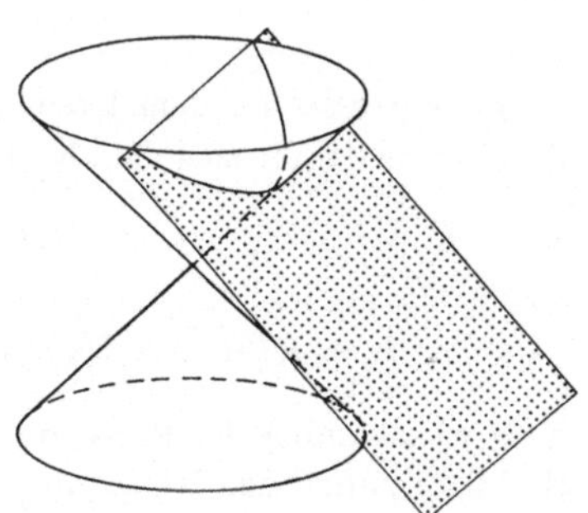

Abb. 12.2

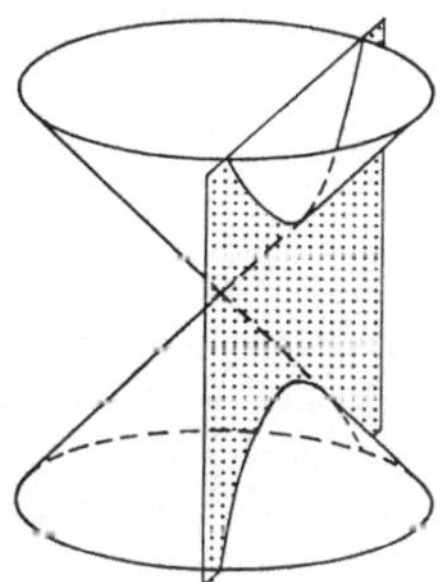

Abb. 12.3

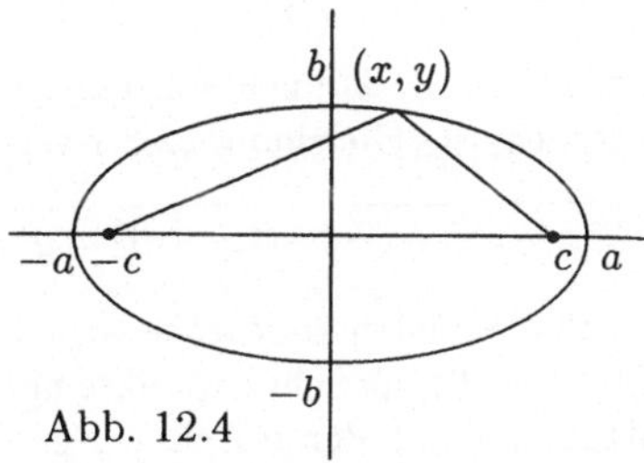

Abb. 12.4

$$\sqrt{(x-a)^2 + (y-b)^2}\ .$$

(x, y) liegt also auf dem Kreis, falls dieser Ausdruck gleich r ist. Durch Quadrieren ergibt sich die „Kreisgleichung"

$$(x-a)^2 + (x-b)^2 = r^2\ , \tag{12.2.1}$$

$$K = K(B, r) = \{(x, y) | (x-a)^2 + (y-b)^2 = r^2\}\ .$$

$K(B, r)$ ist dabei der Kreis um $B = (a, b)$ mit Radius r. Oft wählt man als Mittelpunkt den Nullpunkt. Dann vereinfacht sich die Kreisgleichung zu

$$x^2 + y^2 = r^2\ . \tag{12.2.2}$$

12.3   Die Ellipse

Eine Ellipse besteht aus der Menge aller Punkte in der Ebene, die von zwei gegebenen Punkten B_1, B_2 - den *Brennpunkten* der Ellipse - gleiche Abstandssumme $2r$ haben. Für einen Punkt P auf der Ellipse gilt also

$$\text{Abstand}(P, B_1) + \text{Abstand}(P, B_2) = 2r\ . \tag{12.3.1}$$

Um die Ellipse analytisch zu beschreiben, ist es zweckmäßig, die Brennpunkte auf die x-Achse zu legen und zwar symmetrisch zum Nullpunkt, also

$$B_1 = (c, 0)\ , \quad B_2 = (-c, 0)\ , \quad c > 0\ .$$

Die beiden Abstände in 12.3.1 können wir dann für den Punkt $P = (x, y)$ mittels 10.2.1 berechnen; die Gleichung 12.3.1 verwandelt sich in folgende

$$\sqrt{(x+c)^2 + y^2} + \sqrt{(x-c)^2 + y^2} = 2r\ . \tag{12.3.2}$$

Wir führen jetzt noch die beiden *Halbachsen* a, b der Ellipse ein (vgl. Abb. 12.4). Es seien $(a, 0)$, $(-a, 0)$ die Schnittpunkte mit der x-Achse und $(0, b)$, $(0, -b)$ die Schnittpunkte mit der y-Achse. Für diese speziellen Punkte wird die Gleichung 12.3.2 zu

$$(a+c) + (a-c) = 2r\ , \quad \text{also } a = r$$

$$\sqrt{c^2 + b^2} + \sqrt{c^2 + b^2} = 2r , \quad \text{also } b^2 + c^2 = r^2 .$$

Es stellt sich dann heraus, daß Gleichung 12.3.2 äquivalent ist zu der folgenden einfacheren Gleichung

$$\frac{x^2}{a^2} + \frac{y^2}{b^2} = 1 . \tag{12.3.3}$$

Wir überlassen die erforderliche Rechnung als Übungsaufgabe dem Leser. Man geht so vor: Wir schreiben 12.3.2 abgekürzt in der Form

$$\sqrt{A} + \sqrt{B} = 2r .$$

Quadrieren ergibt mit der binomischen Formel

$$A + 2\sqrt{AB} + B = 4r^2 ,$$

$$2\sqrt{AB} = 4r^2 - A - B .$$

Erneutes Quadrieren ergibt

$$4AB = (4r^2 - A - B)^2 .$$

Die rechte Seite rechnet man aus, setzt A, B ein und ersetzt r und c mittels a und b. Durch Umformung ergibt sich 12.3.3.

Ergebnis: Die Gleichung 12.3.3 beschreibt eine Ellipse mit Halbachsen a, b. Ist $a \geq b$, so liegen die Brennpunkte bei $\pm c = \pm\sqrt{a^2 - b^2}$ auf der x-Achse. Ist $a \leq b$, so liegen die Brennpunkte bei $\pm\sqrt{b^2 - a^2}$ auf der y-Achse.

Bemerkung: Die Ellipse hat folgende *Brennpunkt*-Eigenschaft: Zeichnet man in einem Punkt P auf der Ellipse die Tangente, so schließt diese mit den beiden „Radien" (Verbindungsstrecken zu den Brennpunkten) denselben Winkel ein (Abb. 12.5). Ein von B_1 ausgehender Strahl wird also nach B_2 reflektiert.

12.4   Die Hyperbel

Eine Hyperbel besteht aus der Menge aller Punkte in der Ebene, die von zwei gegebenen Punkten B_1, B_2 - den Brennpunkten - gleiche *Abstandsdifferenz* $2r$ haben. Für einen Punkt $P = (x, y)$ auf der Hyperbel gilt also statt 12.3.1 und 12.3.2

$$\text{Abstand}(P, B_1) - \text{Abstand}(P, B_2) = 2r \ , \qquad (12.4.1)$$

$$\sqrt{(x + c)^2 + y^2} - \sqrt{(x - c)^2 + y^2} = 2r \ . \qquad (12.4.2)$$

Dabei sind die Brennpunkte wieder die Punkte $(\pm c, 0)$ der x-Achse. Die Hyperbel hat die in Abb. 12.6 skizzierte Gestalt. Dieselben Umformungen wie bei der Ellipse führen die Gleichung 12.4.2 in folgende äquivalente Gleichung über

$$\frac{x^2}{a^2} - \frac{y^2}{b^2} = 1 \qquad (12.4.3)$$

oder

$$y = \pm \frac{b}{a} \sqrt{x^2 - a^2} \ . \qquad (12.4.4)$$

Dabei ist ebenfalls $a = r$ und $a^2 + b^2 = c^2$.

Wir weisen noch auf folgendes hin: Damit bei der Ellipse überhaupt etwas herauskommt, muß die Abstandssumme $2r$ *größer* sein als der Abstand der Brennpunkte, also $r > c$. Damit die Hyperbel nicht leer ist, muß die Abstandsdifferenz $2r$ *kleiner* sein als der Abstand der Brennpunkte, also $r < c$.

Die Geraden durch den Nullpunkt $y = \pm \frac{b}{a} x$ sind „*Asymptoten*" der Hyperbel: Für $x \to \pm \infty$ nähert sich die Hyperbel diesen Geraden immer mehr an. Diese Bemerkung liefert auch eine geometrische Interpretation von b (vgl. Abb. 12.7).

Oft wird die Hyperbel auch in anderer Form angegeben. Zum Beispiel beschreibt die Funktion $y = x^{-1}$ eine Hyperbel (Abb. 12.8). Die Brennpunkte sind $(-\sqrt{2}, -\sqrt{2})$ und $(\sqrt{2}, \sqrt{2})$; es ist $r = \sqrt{2}$. Man rechne nach, daß jeder Punkt $(x, y) = (x, x^{-1})$ wirklich Abstandsdifferenz $2\sqrt{2}$ zu den beiden Brennpunkten hat.

12.5   Die Parabel

Eine *Parabel* besteht aus der Menge aller Punkte in der Ebene, die von einer gegebenen Geraden g und einem Brennpunkt B denselben Abstand haben. Für einen Punkt $P = (x, y)$ gilt also

$$\text{Abstand}(P, g) = \text{Abstand}(P, B) \ . \qquad (12.5.1)$$

Um die Parabel analytisch zu beschreiben, legen wir die „Stützgerade"
g parallel zur x-Achse, also $y = -a$, $a > 0$ und den Brennpunkt auf die
positive y-Achse $B = (0, a)$. Dann hat der Nullpunkt offenbar gleichen
Abstand von g und B und gehört zur Parabel (vgl. Abb. 12.9). (x, y) liegt
auf der Parabel falls

$$y + a = \sqrt{x^2 + (y - a)^2} \ . \tag{12.5.2}$$

Durch Quadrieren und leichtes Umformen wird das zu

$$y = \frac{1}{4a} x^2 \ . \tag{12.5.3}$$

Speziell für $a = \frac{1}{4}$ ergibt sich die Parabel $y = x^2$ mit Stützgerade $y = -\frac{1}{4}$
und Brennpunkt $(0, -\frac{1}{4})$.

Bemerkung: Die Parabel hat folgende (technisch wichtige) Brennpunkt-Eigenschaft. Betrachtet man in einem Punkt (x, y) die Tangente,
so schließt diese mit der Verbindungsstrecke zum Brennpunkt denselben
Winkel α ein wie mit der y-Achse (Abb. 12.10). Bei einem Parabolspiegel erzeugt also eine Lichtquelle im Brennpunkt ein zur Achse paralleles
Strahlenbündel (Scheinwerfer). Umgekehrt wird ein achsenparallel einfallendes Strahlenbündel im Brennpunkt konzentriert (Parabol-Antenne).

Bei allen in diesem Paragraphen betrachteten Kurven besteht zwischen
x und y eine quadratische Gleichung. Deshalb spricht man auch von Kurven 2. Grades. Umgekehrt führen alle quadratischen Gleichungen zwischen
x und y auf eine dieser Kurven.

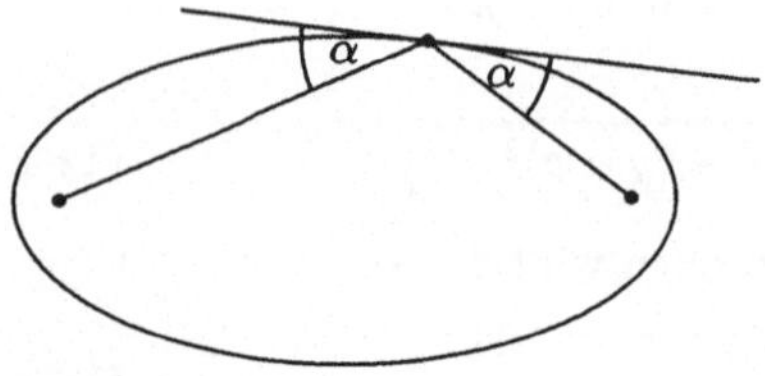

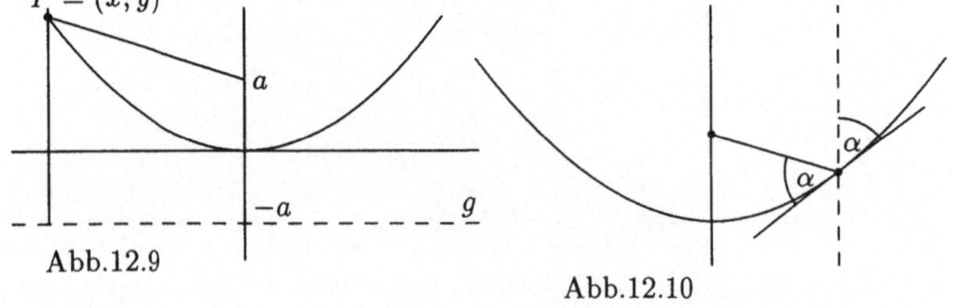

Abb. 12.5

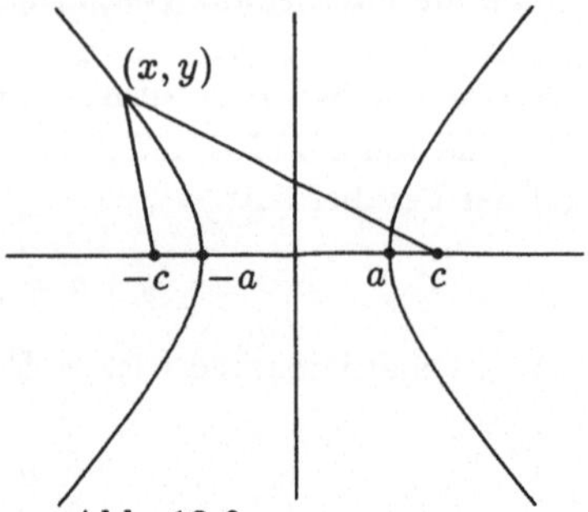

Abb. 12.6

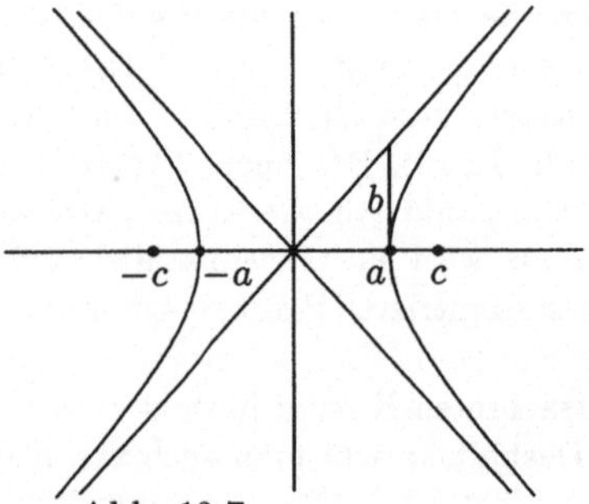

Abb. 12.7

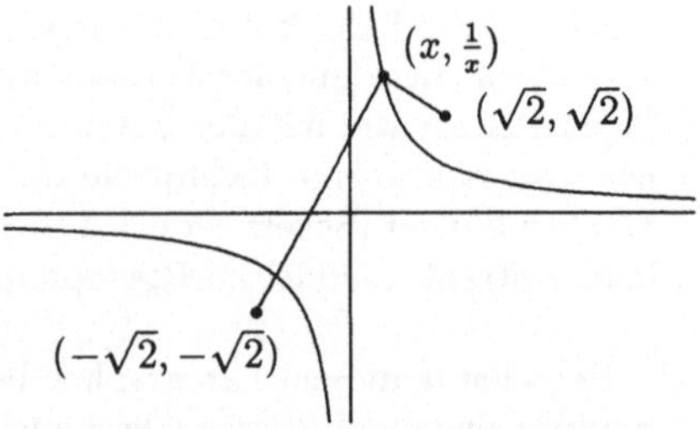

Abb. 12.8

Abb.12.9

Abb.12.10

13 Analytische Geometrie des Raumes

Die Betrachtungen aus 10 übertragen sich ohne weiteres auf den dreidimensionalen Raum.

Im dreidimensionalen Raum fixiert man zunächst einen *Nullpunkt* 0. Durch diesen legt man drei senkrecht aufeinander stehende Geraden, die *Koordinaten-Achsen*, üblicherweise x-,y- und z-Achse. Die x- und y-Achse liegen in der x,y-Ebene. Diese stellt man sich oft als „waagerecht" vor; die z-Achse zeigt dann senkrecht nach oben und unten. Ein beliebiger Punkt P ist dann durch seine drei Koordinaten bestimmt $P = P(x, y, z)$. Hier ist z die Höhe, in der sich P über oder unter (bei negativem z) der x,y-Ebene befindet. $P' = P(x, y)$ ist der Punkt der x,y-Ebene der senkrecht unter oder über P liegt.

Welchen Abstand d hat P vom Nullpunkt? Nach 10.2 hat der Fußpunkt P' den Abstand $\sqrt{x^2 + y^2}$ vom Nullpunkt. Nun ist das Dreieck $0, P', P$ rechtwinklig mit rechtem Winkel bei P'. Also gilt nach Pythagoras

$$d^2 = \left(\sqrt{x^2 + y^2}\right)^2 + z^2 = x^2 + y^2 + z^2\,,$$

denn $z = \text{Abstand}\,(P, P')$. Es ist also

$$d = \sqrt{x^2 + y^2 + z^2}\,.$$

Die Punkte $P = P(x, y, z)$ und $Q = P(u, v, w)$ haben den Abstand

$$d = \sqrt{(x - u)^2 + (y - v)^2 + (z - w)^2}\,. \qquad (13.0.1)$$

Ähnlich wie in 10 wird der $\mathbb{R}^3$ definiert als die Menge aller Tripel reeller Zahlen

$$\mathbb{R}^3 = \{(x, y, z)|x, y, z \in \mathbb{R}\}\,.$$

Die Elemente des $\mathbb{R}^3$ (also z. B. $(3, 4, 5)\,; (2, 0, -4)\,, (-3, -3, -3)\,; \ldots)$ nennt man wiederum *Punkte*. Der Abstand zweier Punkte ist durch die Formel 13.0.1. gegeben. Im $\mathbb{R}^3$ rechnet man wie im $\mathbb{R}^2$, also

$$(x, y, z) \pm (u, v, w) = (x \pm u, y \pm v, z \pm w)$$
$$a(x, y, z) = (ax, ay, az).$$

Es gelten dieselben Rechenregeln und Interpretationen wie im $\mathbb{R}^2$.

Mehr noch als in der Ebene ist es oft zweckmäßig, sich die Elemente des $\mathbb{R}^3$ als *Vektoren* vorzustellen: (x, y, z) entspricht dem Vektor (= der gerichteten Strecke), die von dem Nullpunkt $(0, 0, 0)$ nach (x, y, z) führt. Die Vektoren der Physik, die schon in 10 erwähnt wurden, sind Vektoren im 3-dimensionalen Raum. Größen wie Kräfte, Geschwindigkeiten, elektrische und magnetische Feldstärken, Drehmomente usw. haben eine absolute Stärke und eine räumliche Richtung. (Natürlich gibt es in der Physik auch Größen, die keine Richtung sondern nur einen Betrag haben, wie Temperatur, Masse, Energie, Leistung, Ladung, ... usw. Solche Größen nennt man oft auch skalare Größen. Ein *Skalar* ist vom Standpunkt der Mathematik einfach eine reelle Zahl.)

Die Bezeichnungen für Vektoren sind nicht einheitlich. In der (älteren) Literatur benutzte man meistens deutsche Buchstaben. In der Physik und auch in der Mathematik werden Vektoren oft durch einen Pfeil gekennzeichnet $\vec{x}, \vec{y}, \ldots$. Wir wollen diese Schreibweise auch benutzen. Damit dann jedoch keine Verwechslungen mit den Koordinaten x, y, z usw. auftreten, bezeichnen wir die Koordinaten von $\vec{x}$ mit x_1, x_2, x_3, von $\vec{y}$ mit y_1, y_2, y_3 usw.

Eine sehr nützliche Rechenoperation für Vektoren ist das *Skalarprodukt* oder *innere Produkt*. Es ist definiert durch

$$\vec{x} \cdot \vec{y} = x_1 y_1 + x_2 y_2 + x_3 y_3. \tag{13.0.2}$$

Das Skalarprodukt von zwei Vektoren ist also eine Zahl! Die Länge $\| \vec{x} \|$ des Vektors $\vec{x}$ (statt Länge sagt man oft auch *Norm*) kann mit Hilfe des Skalarproduktes ausgedrückt werden

$$\| \vec{x} \| = \sqrt{\vec{x} \cdot \vec{x}}. \tag{13.0.3}$$

Eine Überlegung ähnlich wie in 10.3 zeigt, daß $\vec{x}$ genau dann senkrecht auf $\vec{y}$ steht, wenn $\vec{x} \cdot \vec{y} = 0$. Eine Verallgemeinerung dieser Tatsache ist der *Cosinus-Satz*: Schließen $\vec{x}$ und $\vec{y}$ den Winkel α ein, so ist

$$\cos \alpha = \frac{\vec{x} \cdot \vec{y}}{\| \vec{x} \| \, \| \vec{y} \|}. \tag{13.0.4}$$

Für den Mathematiker sind nun 4-dimensionale, 5-dimensionale oder überhaupt beliebig-dimensionale Räume absolut nichts Geheimnisvolles. Der vierdimensionale Raum $\mathbb{R}^4$ *ist* einfach die Menge aller 4-Tupel $x = (x_1, x_2, x_3, x_4)$, wobei die Koordinaten x_1, x_2, x_3, x_4 beliebige reelle Zahlen sind. Je nach Situation stellt man sich x als Punkt in einem vierdimensionalen Raum oder als Verbindungsvektor zwischen Nullpunkt und x vor. Gerechnet wird mit diesen Vektoren wie im 3-dimensionalen; z. B. sind Länge, Skalarprodukt usw. ganz analog definiert. Ganz genauso definiert man den 5-dimensionalen Raum $\mathbb{R}^5$ oder allgemein den n-dimensionalen $\mathbb{R}^n$, n beliebige natürliche Zahl.

14 Lineare Gleichungen

14.1 Lösungsmenge und Lösungsverfahren

Nichts ist leichter als die Lösung einer linearen Gleichung

$$ax = b$$

wie $2x = 3$ oder $4x = -7$. Es ist $x = \frac{b}{a}$. Allerdings muß man ein bißchen aufpassen: Ist $a = 0$, also $0x = b$, so existiert keine Lösung. Und auch das ist noch nicht die ganze Wahrheit: Ist $a = 0$ und $b = 0$, so erfüllt jede Zahl x die Gleichung $0x = 0$. Die Situation ist also doch nicht ganz so einfach, wie sie auf den ersten Blick erscheint, denn es sind drei verschiedene Fälle möglich:

1) Es existiert keine Lösung $(a = 0 \,,\ b \neq 0)$.
2) Es existieren unendlich viele Lösungen $(a = 0 \,,\ b = 0)$.
3) Es existiert genau eine Lösung $(a \neq 0)$.

Viele Probleme in der Mathematik führen auf *lineare Gleichungssysteme*: Gesucht sind Unbekannte $x, y, z, \ldots$, die mehrere „lineare" Gleichungen erfüllen, z. B. :

$$
\begin{array}{rcrcrcr}
x & - & 3y & + & 4z & = & 2 \\
2x & & & + & z & = & 3 \\
-x & - & 9y & + & 6z & = & -2
\end{array}
$$

„Linear" bezieht sich dabei auf die Tatsache, daß die Unbekannten nicht in höheren Potenzen in die Gleichungen eingehen. Zweckmäßigerweise schreibt man sich die Gleichungen so hin, wie es eben bei dem Beispiel schon geschehen ist.

Lineare Gleichungssysteme löst man durch schrittweise Umformung. Zunächst benutzt man die erste Gleichung, um aus allen folgenden das x zu „eliminieren". Dazu addiert man geeignete Vielfache der ersten Gleichung zu den anderen, im Beispiel die erste Gleichung zur dritten, und man subtrahiert das 2-fache der ersten Gleichung von der zweiten. Ergebnis:

$$\begin{array}{rrrrr}
x & - & 3y & + & 4z & = & 2 \\
 & & 6y & - & 7z & = & -1 \\
 & & -12y & + & 10z & = & 0
\end{array}$$

Jetzt benutzt man die zweite Gleichung, um aus allen folgenden (hier nur die dritte) das y zu eliminieren. Man addiert das 2-fache der zweiten zur dritten:

$$\begin{array}{rrrrr}
x & - & 3y & + & 4z & = & 2 \\
 & & 6y & - & 7z & = & -1 \\
 & & & - & 4z & = & -2
\end{array}$$

Es folgt $z = \frac{1}{2}$. Das kann man in die zweite Gleichung einsetzen und erhält $y = \frac{5}{12}$. Das kann man in die erste Gleichung einsetzen und erhält

$$x = 2 + 3 \cdot \frac{5}{12} - 4 \cdot \frac{1}{2} - \frac{5}{4}.$$

In konkreten Beispielen ergeben sich oft Möglichkeiten, die Rechnungen zu vereinfachen.

14.2   Geometrische Interpretation

Der Einfachheit halber betrachten wir zunächst nur Gleichungssysteme mit zwei Unbekannten x, y. Die „Koeffizienten" können beliebige reelle Zahlen sein. Wir nehmen erst an, daß nur eine Gleichung gegeben ist

$$ax + by = c.$$

Hier sind also a, b, c feste reelle Zahlen und x, y gesucht. Dann wissen wir aus 11.3, daß die Menge aller (x, y), die diese Gleichung lösen, eine Gerade g im $\mathbb{R}^2$ bilden. (Genauer gilt das, falls wenigstens eine der Zahlen a, b nicht Null ist. Ist $a = b = 0$ und $c \neq 0$, so existiert keine Lösung; ist $a = b = c = 0$, so sind beliebige x, y eine Lösung.) Hat man noch eine zweite Gleichung

$$dx + ey = f,$$

so liegen die Lösungen dieser zweiten Gleichung ebenfalls auf einer Geraden h. Der Schnittpunkt (x, y) beider Geraden ist die einzige Lösung, die beide Gleichungen erfüllt. Denn eine Lösung (x, y) muß ja sowohl auf g als auch auf h liegen.

Mittels dieser geometrischen Interpretation sieht man also ohne alle Rechnung, daß zwei lineare Gleichungen in zwei Unbekannten in der Regel genau eine Lösung haben.

„In der Regel" muß man sagen, denn es gibt Ausnahmefälle: Die beiden Geraden können parallel sein. Dann haben sie keinen Schnittpunkt und das Gleichungssystem hat keine Lösung. Beispiel:

$$\begin{aligned} x + 2y &= 1 \\ 2x + 4y &= 3 \end{aligned}$$

Es kann auch sein, daß die beiden Geraden zusammenfallen; dann ist jeder Punkt dieser Geraden eine Lösung. (Das geschieht, wenn die 2. Gleichung bis auf einen Faktor gleich der ersten ist, also gar keine zusätzliche Bedingung enthält.) Beispiel:

$$\begin{aligned} x + 2y &= 1 \\ 2x + 4y &= 2 \end{aligned}$$

Hat man drei oder mehr Gleichungen für x und y, so hat man drei (bzw. mehr) Geraden zu betrachten. Diese schneiden sich in der Regel nicht in einem Punkt. Das Gleichungssystem hat also keine Lösung (Ausnahmen möglich).

Für mehr Unbekannte, z. B. x, y, z, kann man völlig analoge Betrachtungen anstellen. Eine Gleichung

$$ax + by + cz = d$$

beschreibt eine Ebene im Raum (vorausgesetzt es ist nicht $a = b = c = 0$). Eine weitere Gleichung beschreibt eine zweite Ebene. Diese beiden Ebenen schneiden sich in einer Geraden (es sei denn, sie sind „zufällig" parallel oder gleich). Die Lösungsmenge von zwei Gleichungen ist also eine Gerade. Ist noch eine dritte Gleichung gegeben, so schneiden sich (von Ausnahmefällen, die aber wichtig sind, abgesehen) die drei Ebenen in einem Punkt. Drei Gleichungen mit drei Unbekannten haben also in der Regel genau eine Lösung. Wie man sie berechnet, haben wir schon erläutert.

Die Theorie der linearen Gleichungssysteme wird üblicherweise in den ersten Wochen des Mathematik-Studiums systematisch entwickelt.

In technischen und physikalischen Anwendungen kommen durchaus Probleme vor, die die Lösung von linearen Gleichungssystemen mit zigtausenden von Unbekannten und Gleichungen erfordern. Die effiziente numerische Lösung großer linearer Gleichungssysteme ist ein wichtiges Kapitel der numerischen Mathematik.

15 Grundbegriffe der Kombinatorik

Die Grundbegriffe der Kombinatorik hängen eng mit Fragen der elementaren Wahrscheinlichkeitsrechnung zusammen. Man wird auf sie geführt, wenn man Fragen wie die folgenden stellt: Wie groß ist die Wahrscheinlichkeit, mit zwei Würfeln acht Augen zu würfeln? Wie groß ist die Wahrscheinlichkeit, im Lotto sechs Richtige zu tippen oder beim Skat alle Buben zu bekommen? Mathematisch geht es meistens darum, die Anzahl der Elemente gewisser endlicher Mengen zu bestimmen.

Bevor wir uns daran machen, führen wir zwei Bezeichnungen ein:

Für eine natürliche Zahl n sei $n!$ (sprich „n Fakultät“) definiert durch

$$n! = 1 \cdot 2 \cdot 3 \cdot \ldots \cdot n\,.$$

Es ist also $1! = 1$, $2! = 2$, $3! = 6$, $4! = 24$, $5! = 120$ usw. Die Folge $n!$ wächst sehr rasch.

Für natürliche Zahlen n, k und $1 \leq k \leq n$ definiert man die sogenannten „Binomial-Koeffizienten“ durch

$$\binom{n}{k} = \frac{n(n-1)\ldots(n-k+1)}{1 \cdot 2 \cdot 3 \cdot \ldots \cdot k} = \frac{n!}{k!(n-k)!}\,.$$

Es ist nicht auf den ersten Blick klar (aber richtig), daß die Binomial-Koeffizienten immer natürliche Zahlen sind. Z. B. ist

$$\binom{5}{1} = 5\,, \quad \binom{5}{2} = 10\,, \quad \binom{5}{3} = 10\,, \quad \binom{5}{4} = 5\,, \quad \binom{5}{5} = 1\,.$$

Man setzt $\binom{n}{0} = 1$. Die Binomial-Koeffizienten bilden das Pascalsche Dreieck

$$\binom{0}{0}$$
$$\binom{1}{0} \qquad \binom{1}{1}$$
$$\binom{2}{0} \qquad \binom{2}{1} \qquad \binom{2}{2}$$
$$\binom{3}{0} \qquad \binom{3}{1} \qquad \binom{3}{2} \qquad \binom{3}{3}$$

$$
\begin{array}{ccccccccccc}
 & & & & & 1 & & & & & \\
 & & & & 1 & & 1 & & & & \\
 & & & 1 & & 2 & & 1 & & & \\
 & & 1 & & 3 & & 3 & & 1 & & \\
 & 1 & & 4 & & 6 & & 4 & & 1 & \\
1 & & 5 & & 10 & & 10 & & 5 & & 1
\end{array}
$$

Für die Binomial-Koeffizienten gibt es eine Reihe von Rechenregeln, deren Beweis wir dem Leser überlassen. Die wichtigsten sind

$$
\binom{n}{k} = \binom{n}{n-k}, \quad \binom{n}{k-1} + \binom{n}{k} = \binom{n+1}{k}. \qquad (*)
$$

Die erste Formel drückt die Symmetrie des Pascalschen Dreiecks aus, die zweite die Tatsache, daß jede Zahl darin die Summe der beiden oberen Nachbarn ist. Schließlich gilt folgende „binomische Formel":

$$
(x + y)^n =
$$

$$
\binom{n}{0} x^n y^0 + \binom{n}{1} x^{n-1} y + \binom{n}{2} x^{n-2} y^2 + \ldots + \binom{n}{k} x^{n-k} y^k + \ldots + \binom{n}{n} x^0 y^n
$$

$$
= \sum_{k=0}^{n} \binom{n}{k} x^{n-k} y^k.
$$

Aus $(*)$ folgt nebenbei, daß $\binom{n}{k}$ ganz ist: Um zu zeigen, daß $\binom{n}{k}$ ganz ist, reicht es aus, zu zeigen, daß $\binom{n-1}{k-1}$, $\binom{n-1}{k}$ ganz sind. Das führt man auf $\binom{n-2}{k-2}$, $\binom{n-2}{k-1}$, $\binom{n-2}{k}$ zurück, usw. bis zum Fall $n = 1$, wo die Behauptung offensichtlich ist.

Jetzt kommen wir zu den Grundaufgaben der Kombinatorik. Gegeben sei eine endliche Menge A mit n Elementen. (Man kann sich A vorstellen als ein „Alphabet" mit n „Buchstaben"). Es sei k eine natürliche Zahl. Dann fragt man:

1) Wieviele k-tupel $(a_1, \ldots, a_k)$ existieren mit $a_i \in A$? Es geht also um die Zahl der „Wörter" der Länge n, wobei Buchstaben mehrfach auftreten können. („Kombinationen mit Wiederholung").

2) Wieviele k-tupel $(a_1, \ldots, a_k)$ existieren, wobei alle a_i verschieden sein müssen? („Kombinationen ohne Wiederholung").

3) Wieviele k-elementige Teilmengen enthält A?

4) Wieviele Teilmengen überhaupt enthält die Menge A?

Im Zusammenhang damit steht noch folgende Frage:

5) Auf wieviele verschiedene Weisen kann man die Zahlen $1, \ldots, n$ (oder n beliebige verschiedene Elemente) anordnen? („Permutationen").

Die Antworten sind nicht schwierig.

1) Es existieren n^k verschiedene k-tupel. Für die Wahl von a_1 hat man nämlich n Möglichkeiten, für a_2 ebenfalls, für (a_1, a_2) gibt es also n^2 Möglichkeiten, für (a_1, a_2, a_3) gibt es n^3, usw.

2) Offenbar muß $k \leq n$ sein, denn aus A können nicht mehr als n verschiedene Elemente ausgewählt werden. Für a_1 kann ein beliebiges Element gewählt werden, also n Möglichkeiten. Für a_2 kann ein beliebiges Element $\neq a_1$ gewählt werden, also $n - 1$ Möglichkeiten. Für (a_1, a_2) gibt es also $n(n - 1)$ Möglichkeiten. Dann kann a_3 beliebig $\neq a_1, a_2$ gewählt werden, also $n - 2$ Möglichkeiten, usw. Die Zahl der Kombinationen ohne Wiederholungen ist

$$n(n - 1) \ldots (n - k + 1).$$

5) Ist nur ein Spezialfall von 2). Wählt man $k = n$, so sind die Kombinationen ohne Wiederholung gerade die Permutationen. Deren Anzahl ist also $n!$

3) Man könnte vielleicht meinen, daß die gesuchte Anzahl gleich der in 2) bestimmten Anzahl der Kombinationen ohne Wiederholung ist. Das ist ein Fehlschluß. Ist z. B. $A = \{1, 2, \ldots, 10\}$, so sind die Teilmengen $\{2, 7, 8\}$, $\{8, 2, 7\}$ gleich, die Kombinationen $(2, 7, 8)$, $(8, 2, 7)$ aber verschieden. Bei den Teilmengen kommt es *nicht* auf die Reihenfolge der Elemente an, bei den Kombinationen wohl. Es sei B eine k-elementige Teilmenge von A. Aus den k Elementen von B können also $k!$ Kombinationen ohne Wiederholung gebildet werden, wobei nur die Elemente von B benutzt werden. Durchläuft B alle k-elementigen Teilmengen, so erhält man in dieser Weise alle Kombinationen ohne Wiederholung. Also

Zahl der Kombinationen ohne Wiederholung =

$k! \times$ Zahl der k-elementigen Teilmengen .

Mit 2) ergibt sich also

$$\text{Zahl der } k\text{-elementigen Teilmengen} = \frac{n(n-1)\ldots(n-k+1)}{k!} = \binom{n}{k} .$$

4) Die Zahl der Teilmengen von A ist gleich 2^n. (Dabei sind leere Menge $\emptyset$ und A als Teilmengen mitgezählt!)

Das kann man z. B. so einsehen: A habe genau die Elemente $a_1, \ldots, a_n$, deren Reihenfolge irgendwie festgelegt werde. Jede Teilmenge B wird durch ein n-Tupel $(e_1, \ldots, e_n)$ beschrieben, wobei für die e_i nur die Werte $0, 1$ zugelassen sind. B enthält dann genau die a_i, wo $e_i = 1$ ist, und nicht die a_i, wo $e_i = 0$ ist. In Formeln heißt das

$$B = \{a_i \mid e_i = 1\} .$$

Es ist klar, daß es genau so viele B wie n-Tupel $(e_1, \ldots, e_n)$ gibt. Nach 1) ist die Zahl dieser n-Tupel gleich 2^n, denn es handelt sich um Kombinationen mit Wiederholung von den zwei Elementen 0 und 1.

Man kann die Behauptung auch aus der binomischen Formel erhalten. Es ist nach 3) die gesuchte Anzahl offensichtlich gleich

$$\binom{n}{0} + \binom{n}{1} + \ldots + \binom{n}{k} + \ldots + \binom{n}{n-1} + \binom{n}{n} ,$$

nämlich Zahl der 0-elementigen + Zahl der 1-elementigen + Zahl der 2-elementigen Teilmengen +.... Das ist aber gerade der Ausdruck, der sich aus der binomischen Formel, angewandt auf $(1+1)^n = 2^n$, ergibt.

Wir können jetzt die einleitend formulierten Fragen der Wahrscheinlichkeitsrechnung behandeln. Über den (schwierigen) Begriff der *Wahrscheinlichkeit* machen wir uns keine Gedanken. Die Wahrscheinlichkeit, mit einem („fairen") Würfel eine Sechs zu würfeln, ist $\frac{1}{6}$, weil es nämlich sechs gleichberechtigte mögliche „Ausgänge" des „Zufallsexperimentes" „einmal Würfeln" gibt. Die Wahrscheinlichkeit, aus einem Blatt von 32 Karten eine bestimmte zu ziehen, ist $\frac{1}{32}$. Die Wahrscheinlichkeit, aus einer Urne mit m roten und n schwarzen Kugeln eine rote zu ziehen, ist $\frac{m}{m+n}$. Usw.

Was ist nun die Wahrscheinlichkeit, 8 Augen mit zwei Würfeln zu werfen? Die möglichen Ausgänge dieses Experimentes sind alle Kombinationen $(1,1)$, $(1,2), \ldots$ bis $(6,6)$. Das sind insgesamt $6^2 = 36$ Kombinationen (mit Wiederholung). Von diesen liefern genau die folgenden 8 Augen

$$(2,6) \quad (3,5) \quad (4,4) \quad (5,3) \quad (6,2),$$

also 5. Die gesuchte Wahrscheinlichkeit ist also 5/36.

Bei der Lotto-Frage geht es darum, genau die richtige 6-elementige Teilmenge der 49 Lotto-Zahlen zu treffen. Die Zahl der 6-elementigen Teilmenge ist gleich

$$\binom{49}{6} = 13983816.$$

Also ist die Chance für 6 Richtige etwa ein vierzehnmillionstel.

Bei der Frage nach dem Skat-Blatt muß man ein bißchen mehr überlegen. Jeder Spieler erhält 10 von 32 Karten. Dafür gibt es $\binom{32}{10}$ Möglichkeiten. Jetzt muß man ausrechnen, bei wievielen dieser $\binom{32}{10}$ Möglichkeiten 4 Buben im Blatt sind. Bei einem solchen Blatt können zu den 4 Buben aus den verbleibenden 28 Karten 6 beliebige gewählt werden. Dafür gibt es $\binom{28}{6}$ Möglichkeiten. Die gesuchte Wahrscheinlichkeit ist also der Quotient

$$\binom{28}{6} : \binom{32}{10} = \frac{7 \cdot 8 \cdot 9 \cdot 10}{29 \cdot 30 \cdot 31 \cdot 32} \approx 0,00584\ldots$$

also etwas mehr als $\frac{1}{2}\%$.

16 Funktionen

16.1 Beispiele

Einer der wichtigsten Gegenstände der Mathematik überhaupt - vor allem
auch im Hinblick auf Anwendungen - sind die Funktionen. Eine Funktion
ist eine Abbildung

$$f : D \to \mathbb{R} .$$

Dabei nehmen wir an, daß der Definitionsbereich D eine Teilmenge der
reellen Zahlen ist. In den meisten Fällen wird D ein *Intervall* sein. Ein
abgeschlossenes Intervall ist eine Menge der Form

$$[a, b] = \{x \in \mathbb{R} | a \leq x \leq b\} ,$$

ein *offenes* Intervall enthält die Randpunkte nicht, ist also von der Form

$$(a, b) = \{x \in \mathbb{R} \mid a < x < b\}.$$

Bei offenen Intervallen sind als „Randpunkte" auch $-\infty$ und $+\infty$ zugelassen.

Zur Veranschaulichung einer Funktion dient ihr *Graph*, die „Kurve",
die f in der euklidischen Ebene beschreibt. Genauer ist der Graph von f
folgende Teilmenge des $\mathbb{R}^2$:

$$\text{Graph}(f) = \{(x, f(x)) \mid x \in D\} .$$

Es ist sehr wichtig, sich Funktionen möglichst immer durch ihren Graphen
zu veranschaulichen. Man sollte sich auch angewöhnen, den Definitionsbereich zu präzisieren.

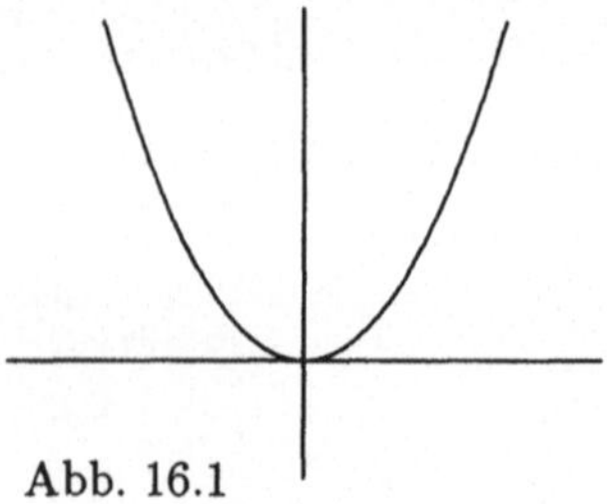

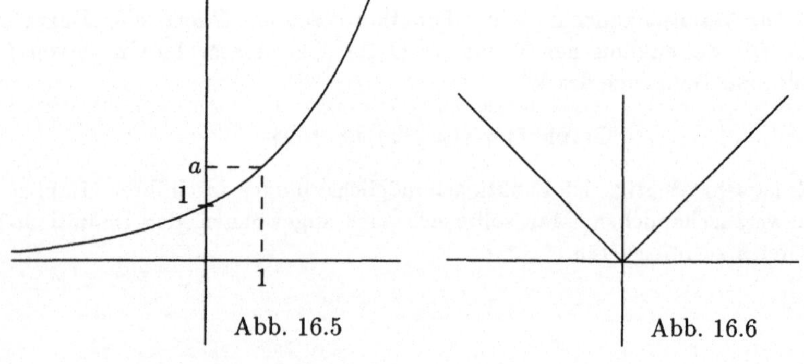

Abb. 16.1

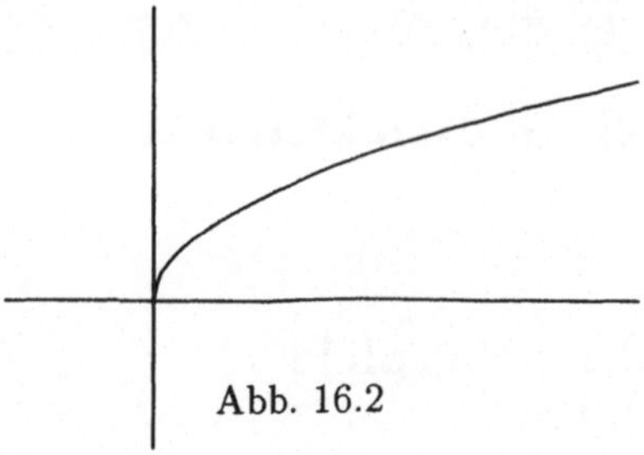

Abb. 16.2

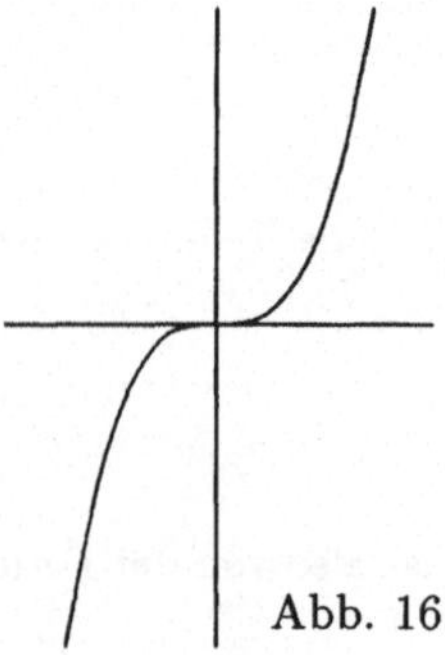

Abb. 16.3

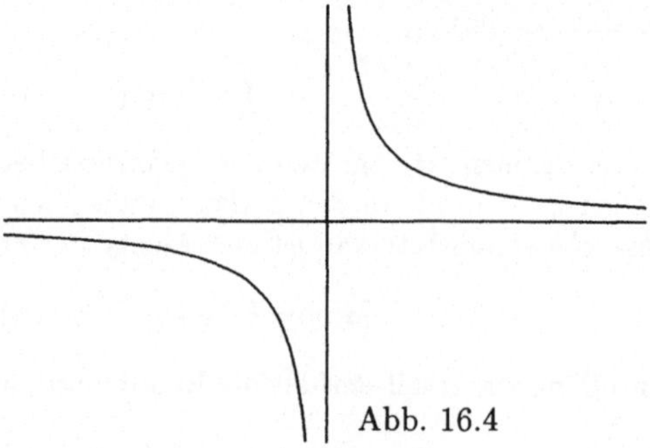

Abb. 16.4

Abb. 16.5

Abb. 16.6

Wir erwähnen jetzt eine Reihe von wichtigen Beispielen:

- *Lineare Funktionen:* $D = (-\infty, \infty) = \mathbb{R}$, $f(x) = ax + b$ mit $a, b \in \mathbb{R}$ fest gewählt (vgl. Abb. 11.2).

- *Quadratische Parabel:* $D = (-\infty, \infty)$, $f(x) = x^2$ oder allgemeiner $f(x) = ax^2 + bx + c$, $a, b, c \in \mathbb{R}$, $a \neq 0$ (Abb. 16.1).

- *Wurzelfunktion:* $D = [0, \infty)$, $f(x) = \sqrt{x}$ (Abb. 16.2).

- *Kubische Parabel:* $D = (-\infty, \infty)$, $f(x) = x^3$ oder allgemeiner $f(x) = ax^3 + bx^2 + cx + d$ (Abb. 16.3).

- *Hyperbel:* $D = \mathbb{R} - \{0\}$, $f(x) = \frac{1}{x}$ (Abb. 16.4).

- *Exponential-Funktion:* (Vgl. 19.1) $D = (-\infty, \infty)$, $f(x) = a^x$, $a > 0$ (Abb. 16.5).

- *Absolutbetrag:* (Abb. 16.6) $D = (-\infty, \infty)$,

$$f(x) = |x| = \begin{cases} x & falls & x \geq 0 \\ -x & falls & x < 0 \,. \end{cases}$$

16.2   Rechnen mit Funktionen

Mit Funktionen kann man in der offensichtlichen Weise ähnlich wie mit Zahlen rechnen. Nur mit dem Definitionsbereich muß man eventuell etwas aufpassen. Es seien f, g zwei Funktionen mit *demselben* Definitionsbereich D (z. B. D ein Intervall in $\mathbb{R}$)

$$f : D \to \mathbb{R} , \quad g : D \to \mathbb{R}$$

und $a \in \mathbb{R}$. Dann sind $f + g$, $f - g$, af, fg definiert durch

$$\begin{aligned}
(f + g)(x) &= f(x) + g(x) , & (af)(x) &= af(x) \\
(f - g)(x) &= f(x) - g(x) , & (fg)(x) &= f(x)g(x).
\end{aligned}$$

Der Definitionsbereich ist in allen Fällen wieder D.

Der Quotient f/g kann dagegen nur definiert werden, wo die Nennerfunktion g nicht Null wird. Es sei also

$$D' = \{x \in \mathbb{R} \,|\, x \in D , \ g(x) \neq 0\} \,.$$

Dann ist der Quotient auf D' definiert durch

$$\frac{f}{g} : D' \to \mathbb{R} \ , \quad \frac{f}{g}(x) = \frac{f(x)}{g(x)}.$$

Natürlich gelten dieselben Rechenregeln wie für das Rechnen mit Zahlen.

So etwas ähnliches wie eine Rechenoperation ist auch die *Komposition*: Es seien $f : D \to \mathbb{R}$ und $g : E \to \mathbb{R}$ zwei Funktionen und $f(D) \subset E$. Dann ist die Komposition oder Verknüpfung

$$g \circ f : D \to \mathbb{R} \qquad (g \circ f)(x) = g(f(x))$$

definiert wie ganz allgemein für Abbildungen (vgl. 4.2).

16.3 Eigenschaften von Funktionen

Eine Funktion $f : D \to \mathbb{R}$ heißt *monoton wachsend*, wenn mit größer werdenden x auch $f(x)$ zunimmt. Aus $x < y$ und $x, y \in D$ folgt also $f(x) \leq f(y)$. f heißt *monoton fallend*, falls aus $x < y$ folgt $f(x) \geq f(y)$.

Die Funktion $f(x) = x^2$ ist im Intervall $(-\infty, 0]$ monoton fallend, im Intervall $[0, \infty)$ monoton wachsend. Die Funktion $f(x) = x^3$ ist überall monoton wachsend.

Eine Funktion $f : D \to \mathbb{R}$ heißt *stetig* an einer Stelle $x_0 \in D$, wenn bei kleinen Veränderungen von x sich auch $f(x)$ nur wenig ändert, d. h. f darf an der Stelle x_0 keine „Sprungstelle" haben.

Den Begriff der Stetigkeit zu präzisieren, erfordert etwas Sorgfalt. Wegen der Bedeutung des Begriffs geben wir eine formale Definition:

Definition 16.3.1 *Eine Funktion f ist* stetig in x_0, *wenn zu jedem $\varepsilon > 0$ ein $\delta > 0$ existiert, so daß aus $|x - x_0| < \delta$ folgt $|f(x) - f(x_0)| < \varepsilon$.*

Diese Definition ist so zu verstehen: Ist f stetig in x_0, so darf $f(x)$ bei x_0 keinen „Sprung" machen. Wie klein man auch immer $\varepsilon > 0$ wählt, die Veränderung von f muß kleiner sein als dieses ε, wenn man nur x entsprechend wenig verändert. Zu jedem $\varepsilon > 0$ muß es also ein $\delta > 0$ geben, so daß für alle x mit $|x - x_0| < \delta$ gilt $|f(x) - f(x_0)| < \varepsilon$.

Im ersten Semester des Mathematikstudiums wird der Begriff der Stetigkeit sorgfältig untersucht.

Stetige Funktionen haben eine Reihe wichtiger Eigenschaften, die z. T. anschaulich sehr plausibel sind, aber doch exakt bewiesen werden müssen. Eine ist der

Zwischenwertsatz: D sei ein Intervall und $f : D \to \mathbb{R}$ stetig. Es seien $a, b \in D$ und $a < b$ und $f(a) < f(b)$ (oder $f(a) > f(b)$). Sei y beliebig zwischen $f(a)$ und $f(b)$ gewählt. Dann existiert ein c mit $a < c < b$ und $f(c) = y$. (Vgl. Abb. 16.7) Die Funktion nimmt also alle Werte zwischen $f(a)$ und $f(b)$ an. (Deshalb spricht man von dem Zwischenwertsatz.)

16.4 Nullstellen

Es sei $D = [a, b]$ ein Intervall und $f : D \to \mathbb{R}$ eine Funktion. Eine Zahl $x \in D$ heißt *Nullstelle* von f, falls $f(x) = 0$. Die Nullstellen sind die Schnittpunkte des Graphen von f mit der x–Achse.

Wie findet man Nullstellen?

Es sei f stetig. Für numerische Berechnungen benutzt man oft das *Einschachtelungsverfahren:*

Es sei etwa $f(a) < 0$ und $f(b) > 0$. Dann weiß man nach dem Zwischenwertsatz, daß eine Nullstelle im Intervall (a, b) existiert. Man betrachtet nun den Mittelpunkt $x_1 = \frac{1}{2}(a + b)$ des Intervalles $[a, b]$. Ist $f(x_1) = 0$, so hat man eine Nullstelle gefunden. Ist $f(x_1) > 0$, so weiß man, daß in dem Intervall $[a, x_1]$ eine Nullstelle liegt; sonst liegt in $[x_1, b]$ eine. In beiden Fällen halbiert man wieder das Intervall, in dem die Nullstelle liegt, betrachtet also $x_2 = \frac{1}{2}(a + x_1)$ bzw. $x_2 = \frac{1}{2}(x_1 + b)$. Man findet ein Intervall, dessen Länge $\frac{1}{4}(b - a)$ ist, in dem eine Nullstelle liegt. Dies Verfahren setzt man fort, bis die gewünschte Genauigkeit erreicht ist. Die Intervallgrenzen „konvergieren" gegen eine Nullstelle. (Vgl. Abb. 16.8)

16.5 Extremwerte von Funktionen

Interessante Stellen einer Funktion sind solche, an denen sie einen maximalen oder minimalen Wert annimmt.

Die Funktion $f : D \to \mathbb{R}$ hat bei $x_0 \in D$ ein *Maximum*, falls für alle $x \in D$ gilt $f(x_0) \geq f(x)$ und ein *Minimum*, falls für alle $x \in D$ gilt $f(x_0) \leq f(x)$.

Natürlich brauchen Maxima oder Minima nicht unbedingt zu existieren, z. B. hat die Gerade $f : \mathbb{R} \to \mathbb{R}$, $f(x) = ax + b$, $a \neq 0$ weder Maxima noch Minima. Auch die Hyperbel $f(x) = \frac{1}{x}$ hat keine Maxima und Minima. Dagegen hat die quadratische Parabel $f(x) = x^2$ bei $x = 0$ ein Minimum, aber kein Maximum.

Oft interessiert man sich nur für *lokale* Maxima oder Minima. Dann verlangt man nur, daß $f(x_0) \geq f(x)$ (bzw. $f(x_0) \leq f(x)$) in einer Umgebung von x_0 gilt, d. h. für solche x, die dicht bei x_0 liegen. Anschaulich ist ganz klar, was damit gemeint ist (Abb. 16.9).

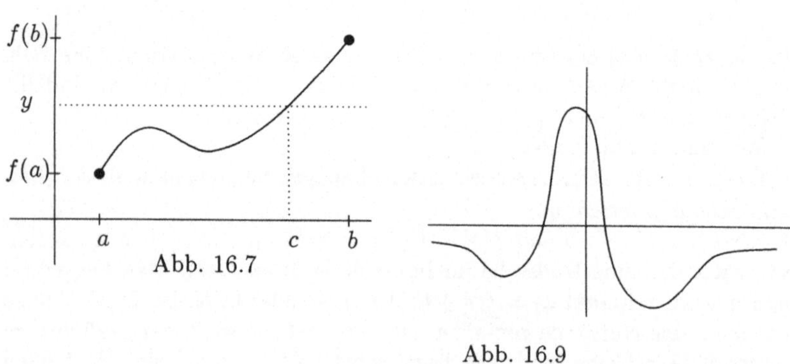

Abb. 16.7

Abb. 16.9

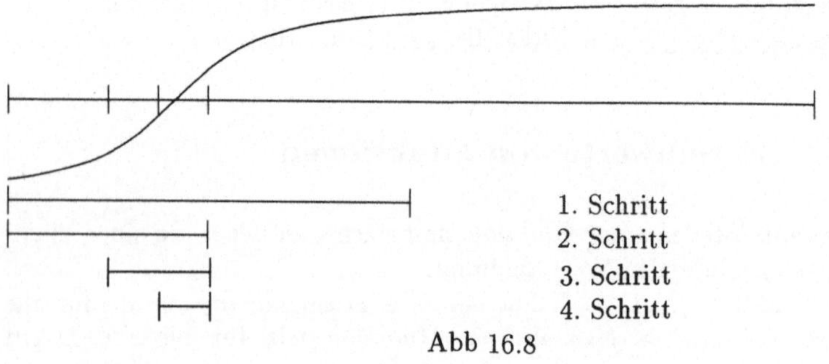

1. Schritt

2. Schritt

3. Schritt

4. Schritt

Abb 16.8

17 Grundbegriffe der Differentialrechnung

Zum Schulstoff der Oberstufe (Sekundarstufe II) gehört im allgemeinen auch eine Einführung in die Grundbegriffe der Differential- und Integralrechnung. Diese Theorie ist ein zentraler Teil der Grundausbildung im Studium nicht nur von Mathematik, sondern auch von Physik, Informatik, Ingenieurwissenschaften, Wirtschaftswissenschaften und vielen anderen. Erst die Entwicklung dieser Theorie hat seit der Zeit Galileis und Newtons eine exakte und systematische Beschreibung von Naturvorgängen - zunächst vor allem der Physik - ermöglicht. Sie ist eine der wesentlichen Grundlagen unserer wissenschaftlich-technischen Kultur.

17.1 Folgen und Grenzwerte

Der Aufbau der Differential- und Integralrechnung (ein Teilgebiet der „Analysis", auch Infinitesimalrechnung genannt) beruht vor allem auf einem Hilfsbegriff, der für sich selbst vielleicht nicht so wichtig, aber unentbehrlich ist für einen lückenlosen und systematischen Aufbau. Es ist dies der Begriff der *konvergenten Folge*.

Vorweg soll noch gesagt werden, daß in der Infinitesimalrechnung mit reellen Zahlen (vgl. 1.5) gearbeitet wird. Sprechen wir im folgenden von Zahlen, so sind damit immer reelle Zahlen gemeint.

Es ist leicht zu verstehen, was eine unendliche *Folge* von Zahlen ist. Der Prototyp einer Folge ist die Folge der natürlichen Zahlen

$$1 \quad 2 \quad 3 \quad 4 \quad \ldots$$

Weitere Beispiele von Folgen sind:

$$
\begin{array}{ccccc}
1 & \tfrac{1}{2} & \tfrac{1}{3} & \tfrac{1}{4} & \ldots \\
1 & -1 & 1 & -1 & \ldots \\
1 & 4 & 9 & 25 & \ldots
\end{array}
$$

oder

$$3 \quad 3,1 \quad 3,14 \quad 3,141 \quad 3,1415 \quad \ldots$$

Die Zahl, die in einer Folge an n-ter Stelle steht, heißt das n-te Folgenglied. Die Folgenglieder können einem Gesetz „folgen" (wie in den obigen Beispielen), sie können aber auch ganz regellos sein

$$-4 \quad 7 \quad 2,5 \quad 0 \quad -1001 \quad \pi \quad 0,\overline{47} \quad \cdots$$

Eine Folge heißt *konvergent*, wenn ihre Glieder sich immer mehr einem bestimmten Wert, dem *Grenzwert* annähern. Die Folge $1, 2, 3, \ldots$ wächst immer weiter und ist nicht konvergent. Die Folge $1, \frac{1}{2}, \frac{1}{3}, \ldots$ konvergiert gegen 0, denn die Folgenglieder kommen der 0 immer näher, die Differenz zur 0 wird „beliebig klein". Die Folge $1, -1, 1, -1, 1, -1$ ist nicht konvergent. (Zwar konvergiert gewissermaßen die eine „Hälfte" gegen 1, die andere gegen -1, aber nicht *alle* Folgenglieder nähern sich immer mehr *derselben* Zahl.) Die Folge

$$3 \quad 3,1 \quad 3,14 \quad 3,141 \ldots$$

konvergiert gegen die Kreiszahl π.

Eine Folge bezeichnet man allgemein mit

$$a_1, \ a_2, \ a_3, \ \ldots \ \text{oder} \ (a_n)_{n=1,2\ldots};$$

a_n ist also das n-te Folgenglied. Exakt formuliert ist eine Folge eine Abbildung $\mathbb{N} \to \mathbb{R}$; jeder natürlichen Zahl n wird eine reelle Zahl a_n zugeordnet. Ist die Folge konvergent, so wird der *Grenzwert* (oder *Limes*) wie folgt bezeichnet:

$$\lim_{n \to \infty} a_n \, .$$

Ein wichtiges, aber nicht ganz einfaches Beispiel, das auch in der Schule manchmal behandelt wird, liefert die *Eulersche Zahl e*:

$$\lim_{n \to \infty} (1 + \frac{1}{n})^{1/n} = e = 2,71 \ldots \, ,$$

wobei e die Basis der natürlichen Logarithmen ist. (Die Folge beginnt also

$$1, \ \sqrt{3/2}, \ \sqrt[3]{4/3}, \ldots,$$

das n-te Glied ist $(1 + \frac{1}{n})^{1/n} = \sqrt[n]{\frac{n+1}{n}}$.)

An den Grenzwertbegriff schließt sich ein technischer Begriff an, den wir später noch brauchen, nämlich der Begriff des *Grenzwertes einer Funktion*. Es sei $D = [a, b]$, $x_0 \in D$, $D' = D \setminus \{x_0\}$, also D' ist gleich D ohne einen Punkt x_0, und $f : D' \to \mathbb{R}$ eine Funktion. Man sagt, f hat in x_0 den Grenzwert a, falls für alle Folgen (x_n) in D', die gegen x_0 konvergieren, gilt

$$\lim_{n \to \infty} f(x_n) = a.$$

Mit anderen Worten: Nähert sich x dem Wert x_0, so konvergiert $f(x)$ gegen den Wert a. Man schreibt deshalb auch

$$\lim_{x \to x_0} f(x) = a.$$

Der Begriff der Stetigkeit drückt sich mit Hilfe des Grenzwertbegriffes offenbar so aus: f ist stetig in x_0, falls $\lim_{x \to x_0} f(x) = f(x_0)$ gilt.

17.2 Differenzieren und Ableitungen

Wir betrachten eine Funktion

$$f : (a, b) \to \mathbb{R}$$

und eine Stelle x_0 des Definitionsbereiches. Es geht uns um den Anstieg der Funktion f an der Stelle x_0. Dazu betrachten wir den Graphen von f und einen Punkt x in der Nähe von x_0. Auf dem Graphen von f liegen also die Punkte

$$P_0 = (x_0 , f(x_0)), \; P = (x , f(x)).$$

Wir betrachten jetzt die Gerade durch P_0 und P (vgl. Abb. 17.1). Die Gleichung dieser Geraden können wir wie in Abschnitt 11.2 beschrieben aufstellen. Nach den dort angegebenen Formeln ist der Anstieg α dieser Geraden gleich

$$\alpha = \frac{f(x) - f(x_0)}{x - x_0}.$$

(Aus naheliegenden Gründen heißt dieser Bruch *Differenzenquotient*: Es ist der Quotient aus den Differenzen der y- und der x-Koordinaten.) Legt man nun den Punkt x immer dichter an x_0, so nähert sich die Gerade immer mehr der *Tangente* im Punkt P_0, und die zugehörigen Anstiege α konvergieren gegen den Anstieg der Tangente. Dieser Anstieg ist die *Ableitung* von f im Punkt x_0. Wir fassen diese Begriffe in einer exakten Definition zusammen.

Definition 17.2.1 Sei $f : (a, b) \to \mathbb{R}$ eine Funktion und $x_0 \in (a, b)$. Die Funktion f heißt in x_0 *differenzierbar*, falls eine Zahl a existiert mit

$$a = \lim_{x \to x_0} \frac{f(x) - f(x_0)}{x - x_0} \, .$$

Diese Zahl heißt dann *Ableitung* von f an der Stelle x_0. Sie wird mit $f'(x_0)$ bezeichnet (oder auch mit $\frac{df}{dx}(x_0)$). Die Funktion heißt *differenzierbar*, wenn sie in allen Punkten des Definitionsbereiches differenzierbar ist. Die Ableitung von f wird mit f' bezeichnet; es ist also die Funktion, die an jeder Stelle $x \in D$ den Anstieg $f'(x)$ von f angibt.

Bemerkung 17.2.2 Es ist von größter Wichtigkeit für das Verständnis der Differentialrechnung, daß die geometrische Bedeutung der Ableitung $f'(x_0)$ klar ist. Diese Zahl gibt den Anstieg der Kurve $f(x)$ im Punkt x_0 an. Ist $f'(x_0) > 0$, so heißt das anschaulich, daß die Kurve $f(x)$ in x_0 ansteigt: mit zunehmendem x wird der Funktionswert $f(x)$ größer. Ist $f'(x_0) < 0$, so fällt die Kurve: mit zunehmendem x wird der Funktionswert $f(x)$ kleiner.

Gelegentlich benutzt man eine etwas andere Schreibweise: Man setzt in 17.2.1 $h = x - x_0$, also $x = x_0 + h$. Dann ist die Ableitung

$$f'(x_0) = \lim_{h \to 0} \frac{1}{h} \left(f(x_0 + h) - f(x_0) \right) \, .$$

17.3 Beispiele

(1) Am einfachsten ist es, die Ableitung von Geraden zu berechnen. Ist $f(x) = ax + b$, so wissen wir schon, daß der Anstieg gleich a ist; es ist jeder Differenzenquotient gleich a, nämlich

$$\frac{(ax+b)-(ax_0-b)}{x-x_0} = a.$$

Der Übergang zum Grenzwert ist also gar nicht nötig. Es ist $f'(x) = a$ für alle x.

(2) Wir betrachten eine quadratische Parabel $f(x) = x^2$. Dann gilt für alle x

$$f'(x) = 2x.$$

Beweis: Wir betrachten zu einem beliebigen x_0 den Differenzenquotienten

$$\frac{f(x)-f(x_0)}{x-x_0} = \frac{x^2-x_0^2}{x-x_0} = x+x_0.$$

Konvergiert nun x gegen x_0, so geht der Differenzenquotient gegen $2x_0$, also $f'(x_0) = 2x_0$ für alle x_0.

(3) Wir betrachten die Potenzfunktion $f(x) = x^k$ und behaupten $f'(x) = kx^{k-1}$. Zum Beweis gehen wir wie eben vor. Es ist (leichte Verallgemeinerung der endlichen geometrischen Reihe aus 2.1)

$$\frac{x^k-x_0^k}{x-x_0} = x^{k-1} + x^{k-2}x_0 + \ldots + x_0^{k-1}.$$

Geht x gegen x_0 so geht jeder der k Summanden der rechten Seite gegen x_0^{k-1}, also $f'(x_0) = kx_0^{k-1}$.

(4) Wir betrachten die Hyperbel $f(x) = \frac{1}{x}$ und behaupten $f'(x) = -\frac{1}{x^2}$. Der Differenzenquotient ist

$$\frac{\frac{1}{x}-\frac{1}{x_0}}{x-x_0} = \frac{x_0-x}{xx_0} \cdot \frac{1}{x-x_0} = \frac{-1}{xx_0}.$$

Geht x gegen x_0, so ergibt sich die Behauptung.

17.4 Rechenregeln für Ableitungen

Für die Berechnung der Ableitung einer Funktion gibt es einige nützliche Rechenregeln, die die Berechnung sehr erleichtern.

Ableitung einer Summe: Die Ableitung einer Summe von Funktionen ist die Summe der Ableitungen

$$(f + g)' = f' + g'\,.$$

Beispiel: Ist $f(x) = x^2 + 3x + 2$, so ist nach dieser Regel und den betrachteten Beispielen $f'(x) = 2x + 3$.

Ableitung eines Vielfachen: Ist c eine reelle Zahl, so gilt für jede Funktion f daß

$$(cf)' = cf'.$$

Beispiel: Die Ableitung von $f(x) = 5x^3$ ist $15x^2$.

Beide Regeln folgen sofort aus der Definition; zusammen mit den Beispielen ermöglichen sie die Berechnung der Ableitung beliebiger Polynomfunktionen: Ist

$$f(x) = a_n x^n + a_{n-1} x^{n-1} + \ldots + a_0 \; ; \; a_0, \ldots, a_n \in \mathbb{R},$$

so gilt

$$f'(x) = n a_n x^{n-1} + (n-1) a_{n-1} x^{n-2} + \ldots + a_1.$$

Produktregel: Ist $h = fg$ also $h(x) = f(x)g(x)$, so gilt

$$h'(x) = f'(x)g(x) + f(x)g'(x)\,.$$

Beispiel: Wir wollen die Ableitung von

$$h(x) = \frac{1}{x^2} = \frac{1}{x} \cdot \frac{1}{x}$$

berechnen. Wir haben $f(x) = g(x) = \frac{1}{x}$ und erhalten mit 17.3 (4)

$$h'(x) = \frac{-1}{x^2} \cdot \frac{1}{x} + \frac{1}{x} \cdot \frac{-1}{x^2} = \frac{-2}{x^3} = -2x^{-3}\,.$$

Beispiel: Wir wollen die Ableitung von $f(x) = \sqrt{x}$ berechnen und benutzen folgenden Trick. Es sei $f(x) = g(x) = \sqrt{x}$, also $h(x) = f(x)g(x) = x$. Nach der Produktregel ist

$$1 = h'(x) = f'(x)\sqrt{x} + \sqrt{x}\,f'(x)\,,$$

also

$$f'(x) = \frac{1}{2\sqrt{x}}.$$

Quotientenregel: Ist $h = \frac{f}{g}$, also $h(x) = \frac{f(x)}{g(x)}$, $g(x) \neq 0$, so ist

$$h'(x) = \frac{f'(x)g(x) - f(x)g'(x)}{(g(x))^2}.$$

Kettenregel: Hat man eine Komposition von zwei Funktionen (wie in 16.2 erklärt) $h(x) = g(f(x))$, so ist

$$h'(x) = g'(f(x))f'(x).$$

Anwendung: Es seien f, g Umkehrabbildungen zueinander, also $g(f(x)) = x$. Wegen $h'(x) = 1$ für $h(x) = x$ folgt $1 = g'(f(x))f'(x)$ oder

$$g'(f(x)) = \frac{1}{f'(x)},$$

wobei natürlich $f'(x) \neq 0$ vorausgesetzt wird.

17.5 Höhere Ableitungen

Hat man die Ableitung f' der Funktion f gebildet, so kann man (Differenzierbarkeit vorausgesetzt) auch die Ableitung von f' bilden. Dies ist die *zweite Ableitung* von f; sie wird mit f'' bezeichnet. Entsprechend sind die weiteren *höheren Ableitungen* von f definiert, die dritte Ableitung f''' und allgemein die n-te Ableitung $f^{(n)}$.

Beispiel: $f(x) = x^3 - 2x^2 + 5$, $f'(x) = 3x^2 - 4x$, $f''(x) = 6x - 4$, $f'''(x) = 6$, $f^{(4)}(x) = 0$.

Es ist wichtig, die geometrische Bedeutung der zweiten Ableitung zu verstehen. Was bedeutet $f''(x_0) > 0$? Nach 17.2.2 heißt dies, daß in einer Umgebung von x_0 die erste Ableitung f' zunimmt; die Funktion $f'(x)$ wächst. Dies heißt aber, daß der Anstieg der Ausgangsfunktion $f(x)$ wächst; die Funktion wird immer „steiler". Dies bedeutet, daß in einer Umgebung von x_0 die Kurve $f(x)$ nach links gekrümmt ist.

Also $f''(x_0) > 0$ bedeutet: die Kurve $f(x)$ ist in der Nähe von x_0 linksgekrümmt.

Entsprechend heißt $f''(x_0) < 0$, daß der Anstieg kleiner wird; die Kurve ist rechtsgekrümmt.

17.6 Extremwerte

Eine der wichtigsten und häufigsten Anwendungen der Differentialrechnung ist die Lösung von Extremwertaufgaben. Dabei geht es um folgendes: Gegeben ist eine Funktion $f : (a,b) \to \mathbb{R}$ und gesucht sind die Stellen x, an denen f lokale Extremwerte, also lokale Maxima oder Minima annimmt (vgl. 16.5). Es wird vorausgesetzt, daß f „genügend oft" (zweimal oder mehr) differenzierbar ist.

Hat f an der Stelle x_0 ein lokales Extremum, so muß notwendig $f'(x_0) = 0$ gelten. Wäre $f'(x_0) > 0$, so wäre $f(x)$ in der Umgebung von x_0 wachsend; wäre $f'(x_0) < 0$, so wäre $f(x)$ in der Nähe von x_0 fallend. In beiden Fällen könnte bei x_0 kein Maximum oder Minimum sein.

Aus $f'(x_0) = 0$ kann man jedoch *nicht* schließen, daß bei x_0 wirklich ein lokales Extremum vorliegt. Ein Gegenbeispiel ist $f(x) = x^3$. Dann ist $f'(x_0) = 3x_0^2$. Es ist also $f'(0) = 0$; trotzdem liegt bei $x = 0$ kein Extremum vor, die Funktion x^3 ist streng monoton wachsend.

Ob ein Extremum an einer Stelle x_0 mit $f'(x_0) = 0$ vorliegt, läßt sich oft mit Hilfe der zweiten Ableitung entscheiden. Wir nehmen an, daß gilt $f''(x_0) > 0$. Nach der Diskussion in 17.5 ist $f(x)$ dann in x_0 linksgekrümmt; außerdem ist der Anstieg bei x_0 gleich 0. Aus beiden zusammen folgt, daß bei x_0 ein lokales Minimum vorliegt.

Ist $f''(x_0) < 0$, so ist $f(x)$ rechtsgekrümmt, und wir haben ein lokales Maximum. Wir fassen diese Diskussion zusammen:

Satz 17.6.1 *$f : (a,b) \to \mathbb{R}$ sei zweimal differenzierbar und die 2. Ableitung $f''(x)$ sei stetig. Dann gilt:*

(1) Hat $f(x)$ in x_0 ein lokales Extremum, so gilt $f'(x_0) = 0$. (Die Bedingung $f'(x_0) = 0$ ist eine notwendige *Bedingung für das Vorliegen eines Extremums.)*

(2) Gilt $f'(x_0) = 0$ und $f''(x_0) > 0$ (bzw. $f''(x_0) < 0$), so hat f in x_0 ein lokales Minimum (bzw. ein lokales Maximum). (Die Bedingung $f'(x_0) = 0$, $f''(x_0) \neq 0$ ist eine hinreichende *Bedingung für das Vorliegen eines Extremums.)*

Es gibt eine Fülle von Aufgaben, die auf die Bestimmung der Extremwerte einer Funktion zurückgeführt werden können. Wir behandeln ein (ganz einfaches) Beispiel.

Aufgabe: Welches Rechteck mit Umfang a hat den größten Flächeninhalt?

Lösung: Eine Seite des noch zu bestimmenden Rechtecks habe die Länge x. Die beiden angrenzenden Seiten haben dann zusammen die Länge $a-2x$; die Seitenlängen des Rechtecks sind also x und $\frac{a}{2} - x$. Der Flächeninhalt ist also $x(\frac{a}{2} - x) = \frac{a}{2}x - x^2 = f(x)$. Gesucht ist das Maximum dieser Funktion in Abhängigkeit von x. Wir benutzen die Bedingung $f'(x) = 0$. Es ist

$$f'(x) = \frac{a}{2} - 2x.$$

Die einzige Nullstelle der Ableitung liegt also bei $x_0 = \frac{a}{4}$. Es ist $f''(x) = -2$, also $f''(\frac{a}{4}) = -2 < 0$, d. h. bei $x = \frac{a}{4}$ ist ein Maximum. Offensichtlich haben alle vier Seiten dann die gleiche Länge $\frac{a}{4}$, das heißt, das Rechteck ist ein Quadrat.

Ergebnis: Unter allen Rechtecken mit gleichem Umfang hat das Quadrat den größten Flächeninhalt.

Der letzte Satz veranlaßt, sich genau den Unterschied zwischen *notwendigen* und *hinreichenden* Bedingungen klarzumachen:
$f'(x_0) = 0$ ist notwendige Bedingung für ein Extremum. Liegt ein Extremum bei x_0 vor, so gilt notwendig $f'(x_0) = 0$. Ist die Bedingung $f'(x_0) = 0$ nicht erfüllt (also $f'(x_0) \neq 0$) , so kann auch kein Extremum vorliegen. Abstrakt gesprochen ist der Zusammenhang der folgende: A ist notwendige Bedingung für B, wenn aus B die Aussage A folgt. $f'(x_0) = 0$ und $f''(x_0) \neq 0$ ist dagegen eine hinreichende Bedingung für ein Extremum. Sind diese Bedingungen erfüllt, so liegt ein Extremum vor. Abstrakt: A ist hinreichende Bedingung für B, wenn aus A die Aussage B folgt.

17.7 Kurvendiskussion

Zu den traditionellen Anwendungen der Differentialrechnung gehört die „Kurvendiskussion". Dabei geht es um folgendes. Gegeben ist eine Funktion $f(x)$. Es sollen der Verlauf der Kurve $f(x)$ und ihre geometrischen Eigenschaften bestimmt werden. Diese Diskussion besteht aus folgenden Einzelpunkten (von denen je nach Situation auch einige wegfallen können): Wir erläutern das Vorgehen jeweils an dem Beispiel der Funktion (Abb. 17.2)

$$f(x) = \frac{2x}{1 + x^2}.$$

1. *Berechnung von einigen Funktionswerten*
   Um einen ungefähren Überblick über den Verlauf der Kurve zu erhalten, berechnet man numerisch (etwa mit einem Taschenrechner)
   die Funktionswerte an einigen Stellen, etwa $x = 0, \pm 1, \pm 2$ usw.
   Im Beispiel

x	-2	-1	0	1	2	3
$f(x)$	-0,8	-1	0	1	0,8	0,6

2. *Bestimmung der Nullstellen*
   Die Bestimmung der Nullstellen kann schwierig sein. In unserem Beispiel ist offenbar die einzige Nullstelle bei $x = 0$.

3. *Bestimmung des Verhaltens für $x \to \pm\infty$*
   Man stellt fest, wie sich $f(x)$ qualitativ für große x verhält. Wächst
   $f(x)$ sehr stark an, geht $f(x)$ gegen Null, usw. ? In unserem Beispiel
   wird für große x der Zähler viel kleiner als der Nenner. Der Bruch
   geht also gegen 0:

$$f(x) = \frac{2x}{1 + x^2} < \frac{2x}{x^2} = \frac{2}{x} \to 0 \qquad \text{für} \qquad x \to \pm\infty .$$

   Für $x > 0$ ist $f(x) > 0$; für $x < 0$ ist $f(x) < 0$. Also konvergiert
   $f(x)$ für $x \to \pm\infty$ gegen die x−Achse; für positive x von oben, für
   negative von unten.

4. *Symmetrie*
   Man stellt fest, ob z. B. gilt $f(-x) = f(x)$ (in diesem Fall ist die
   Funktion symmetrisch zur y-Achse) oder ob $f(-x) = -f(x)$ (dann
   ist die Funktion symmetrisch zum Nullpunkt). In unserem Fall liegt
   Symmetrie zum Nullpunkt vor.

5. *Bestimmung der Extremwerte*
   Mittels Satz 17.6.1 werden die Extremwerte von $f(x)$ berechnet. Dazu
   muß zunächst die Ableitung berechnet werden. In unserem Fall geschieht das mit der Quotientenregel

$$f'(x) = \frac{2(1 + x^2) - 2x \cdot 2x}{(1 + x^2)^2} = \frac{-2x^2 + 2}{(1 + x^2)^2} .$$

   $f'(x) = 0$ kann nur gelten, wenn der Zähler gleich 0 ist. Das führt auf
   die Bedingung $x^2 = 1$, also $x = \pm 1$.

Extremwerte können also nur bei $x = -1$ und $x = +1$ liegen. Da $f(x) \to 0$ für $x \to \pm\infty$, ist klar, daß irgendwo ein Minimum und irgendwo ein Maximum sein muß. Das Minimum kann dann nur bei $x = -1$, das Maximum nur bei $x = 1$ liegen. Dies kann auch mittels der 2. Ableitungen überprüft werden (was aber ein bißchen mühsam ist)

$$f''(x) = \frac{-4x(1 + x^2)^2 - (2 - 2x^2)2(1 + x^2)2x}{(1 + x^2)^4} = \ldots \text{(rechnen)}$$

$$= \frac{-4x(1 + x^2)(3 - x^2)}{(1 + x^2)^4} .$$

An der Stelle $x = 1$, $y = 1$ liegt ein Maximum, bei $x = -1$, $y = -1$ liegt ein Minimum.

6. *Wendepunkte*

Mit *Wendepunkten* haben wir uns noch nicht beschäftigt. Dabei geht es um folgendes. Wir haben gesehen, daß für $f''(x) > 0$ die Kurve linksgekrümmt ist, für $f''(x) < 0$ dagegen rechtsgekrümmt. Eine Änderung des Krümmungsverhaltens kann also nur dort vorliegen, wo $f''(x) = 0$ ist. Punkte, wo das Krümmungsverhalten sich ändert, nennt man *Wendepunkte*. Die Bedingung $f''(x) = 0$ ist notwendig (aber nicht hinreichend) für einen Wendepunkt.

Im Beispiel ist $f''(x) = 0$ genau dann, wenn der Zähler 0 ist. Das führt auf die Lösungen

$$x = 0 \quad \text{und} \quad x = \pm\sqrt{3} .$$

Tatsächlich liegen hier auch Wendepunkte vor: für $x < -\sqrt{3}$ ist die Kurve rechtsgekrümmt (denn $f''(x) < 0$), für $-\sqrt{3} < x < 0$ ist die Kurve linksgekrümmt, für $0 < x < \sqrt{3}$ wieder rechtsgekrümmt und für $\sqrt{3} < x$ linksgekrümmt.

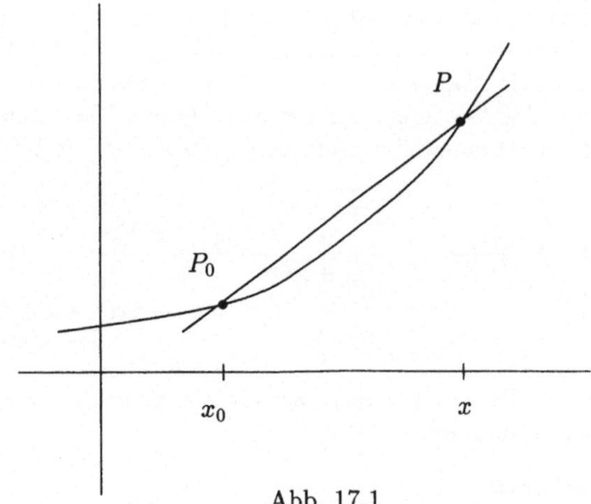

Abb. 17.1

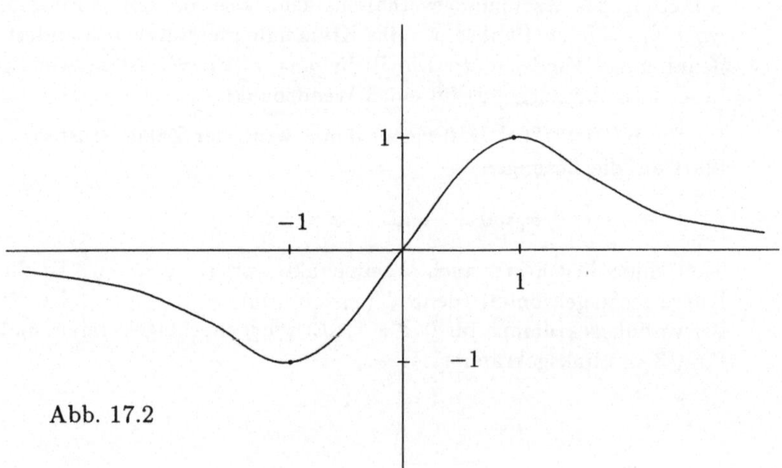

Abb. 17.2

18 Grundbegriffe der Integralrechnung

18.1 Berechnung von Flächeninhalten

Die *Integralrechnung* ist ein Hilfsmittel, um *Flächeninhalte* krummlinig begrenzter Flächenstücke auszurechnen. Genauer geht es um folgendes: Es sei $f : [a, b] \to \mathbb{R}$ eine *stetige* Funktion, die überall ≥ 0 ist. Wir betrachten das Flächenstück aus Abb. 18.1, also das Stück begrenzt durch x-Achse, die Parallelen zur y-Achse durch $x = a$ und $x = b$ und den Graphen von f. Wie groß ist der Flächeninhalt A dieser Fläche?

Diese Aufgabe löst man folgendermaßen: Man sucht eine Funktion F : $[a, b] \to \mathbb{R}$, deren Ableitung die vorgegebene Funktion $f(x)$ ist, also $F'(x) = f(x)$. Dann gilt für den gesuchten Flächeninhalt

$$A = F(b) - F(a).$$

Beispiel: Es sei $f(x) = x^2$ und $[a, b] = [0, 1]$. Für $F(x)$ können wir die Funktion $\frac{1}{3}x^3$ wählen, denn die Ableitung davon ist $\frac{1}{3} \cdot 3 \cdot x^2 = x^2$. Für den Flächeninhalt ergibt sich $A = \frac{1}{3} - 0 = \frac{1}{3}$.

Zu der gerade formulierten Berechnungsregel sind verschiedene Kommentare und Ergänzungen notwendig.

Bemerkung 18.1.1 (1) Die angegebene Regel ist zunächst nur ein „Rezept" zur Berechnung des Flächeninhaltes. Warum man so vorgehen kann, wird in Abschnitt 18.2 erklärt.

(2) Ist $f(x)$ eine beliebige Funktion und $F(x)$ eine Funktion mit $F'(x) = f(x)$, so heißt $F(x)$ *Stammfunktion* von $f(x)$. Zur Berechnung des Flächeninhalts muß man also eine Stammfunktion kennen.

(3) Die Stammfunktion $F(x)$ von $f(x)$ ist *nicht* eindeutig bestimmt. Es sei c eine beliebige reelle Zahl und $G(x) = F(x) + c$. Dann gilt $G'(x) = F'(x) = f(x)$, denn die Konstante c hat Ableitung 0. Berechnet man A mittels $G(x)$, so erhält man aber dasselbe Ergebnis

$$G(b) - G(a) = F(b) + c - (F(a) + c) = F(b) - F(a).$$

Tatsächlich unterscheiden sich zwei beliebige Stammfunktionen nur um eine Konstante. Sind nämlich $F(x)$ und $G(x)$ beides Stammfunktionen von $f(x)$, so sei $H(x) = F(x) - G(x)$. Dann gilt

$$H'(x) = F'(x) - G'(x) = f(x) - f(x) = 0.$$

Die Differenz ist also eine Funktion, deren Ableitung überall 0 ist. Diese Funktion kann weder wachsen noch fallen, also ist $H(x) = c$.

(4) Ist $f : [a, b] \to \mathbb{R}$ eine Funktion, die nicht unbedingt überall positiv ist, sondern die das Vorzeichen wechselt, und ist $F(x)$ eine Stammfunktion, so ist

$$F(b) - F(a) = A - B.$$

Dabei ist A der Flächeninhalt oberhalb der x-Achse und B der unterhalb. (Vgl. Abb. 18.2.)

(5) Das Wort *Integral* ist zunächst eine reine Bezeichnung ohne eigenen Inhalt: Statt „Stammfunktion von $f(x)$" sagt man auch *unbestimmtes Integral* von $f(x)$ und schreibt

$$F(x) = \int f(x)dx.$$

Das Symbol $\int f(x)dx$ bezeichnet also eine Stammfunktion von $f(x)$. Für den Flächeninhalt A selbst benutzt man folgende Schreibweise

$$A = F(b) - F(a) = \int_a^b f(x)dx\,.$$

Dieser Ausdruck heißt *bestimmtes Integral*.

(6) Es kann schwierig (oder unmöglich) sein, eine Stammfunktion explizit anzugeben. Für $n \neq -1$ hat x^n die Stammfunktion $\frac{1}{n+1}x^{n+1}$ (vgl. 17.3(3)), aber von x^{-1} oder $(1 + x^2)^{-1}$ können wir mit den bisherigen Hilfsmitteln keine Stammfunktion angeben.

Zur Berechnung des Flächeninhaltes A ist die Kenntnis einer Stammfunktion F mit $F' = f$ notwendig. Für die Berechnung der Ableitung haben wir in 17.4 eine Reihe von Rechenregeln kennengelernt. Es ist einleuchtend, daß diesen Regeln jetzt entsprechende Rechenregeln für die Integration entsprechen. Die einfachsten sind

$$\int_a^b (f(x) + g(x))dx = \int_a^b f(x)dx + \int_a^b g(x)dx$$

$$\int_a^b cf(x)dx = c\int_a^b f(x)dx$$

und entsprechend für unbestimmte Integrale. Das ergibt sich sofort aus 17.4. Die *Produktregel* übersetzt sich in folgende Formel (wieso?)

$$\int f(x)g'(x)dx = f(x)g(x) - \int f'(x)g(x)dx$$

(sogenannte „partielle Integration"). Aus der Kettenregel wird das Verfahren der *Integration durch Substitution.* Ist $F(x)$ Stammfunktion von $f(x)$, so ist nach der Kettenregel

$$(F(g(x)))' = f(g(x))g'(x)\,,$$

also

$$\int_a^b f(g(x))g'(x)dx = F(g(b)) - F(g(a)) = \int_{g(a)}^{g(b)} f(x)dx\,.$$

18.2 Der Hauptsatz der Differential- und Integralrechnung

Wir werden jetzt erläutern, warum das im letzten Abschnitt beschriebene Berechnungsverfahren zum Ziel führt. Sei also $f : [a, b] \to \mathbb{R}$ eine positive stetige Funktion. Es sei $x \in [a, b]$. Dann betrachten wir die Teilfläche, die von den Parallelen durch a und x begrenzt wird. Es sei $F(x)$ der Flächeninhalt dieses Teilstückes. Es ist dann $F(a) = 0$ und $F(b) = A$.

Wir machen uns zunächst keine Gedanken darüber, was der Flächeninhalt eines krummlinig begrenzten Flächenstückes eigentlich ist. Die Hauptaufgabe der Integralrechnung ist es allerdings, gerade das zu klären.

Wir sehen $F(x)$ als eine Funktion der variablen rechten Grenze x an. Wir behaupten, daß dieses $F(x)$ eine Stammfunktion $F(x)$ von $f(x)$ im Sinne von 18.1 ist, das heißt also, daß $F'(x) = f(x)$ gilt. Für *diese* Stammfunktion gilt dann auf Grund ihrer Definition, daß $A = F(b) - F(a)$ ist. Nach 18.1.1(3) gilt das dann auch für *jede* Stammfunktion.

Um $F'(x) = f(x)$ zu beweisen, müssen wir auf die Definition der Ableitung zurückgehen (vgl. 17.2). Wir fixieren also x_0; dann ist

$$\lim_{x \to x_0} \frac{F(x) - F(x_0)}{x - x_0}\,.$$

zu bestimmen. Betrachtet man Abb. 18.3, so sieht man, daß der Zähler $F(x) - F(x_0)$ gleich dem Flächeninhalt des Streifens zwischen x_0 und x ist. Dieser Streifen ist ungefähr ein Rechteck mit Seitenlängen $x - x_0$ und $f(x_0)$. Der Flächeninhalt des Streifens ist $(x - x_0)f(\xi)$, wobei ξ ein passender Wert zwischen x und x_0 ist. Also ist

$$\frac{F(x) - F(x_0)}{x - x_0} = \frac{(x - x_0)f(\xi)}{x - x_0} = f(\xi).$$

Für $x \to x_0$ gilt auch $\xi \to x_0$, denn ξ liegt zwischen x und x_0. Also ist

$$F'(x_0) = \lim_{x \to x_0} \frac{F(x) - F(x_0)}{x - x_0} = f(x_0).$$

Das heißt, F ist Stammfunktion von f.

18.3   Flächeninhalt

Wir haben uns bisher keine Gedanken darüber gemacht, was der Flächeninhalt eigentlich ist und wie er mathematisch exakt definiert wird. Das soll jetzt in den Grundzügen nachgeholt werden. Wir betrachten dieselbe Situation wie in 18.1, also eine positive stetige Funktion $f : [a, b] \to \mathbb{R}$ und die in Abb. 18.1 beschriebene Fläche. Es geht darum, exakt zu definieren, was der Flächeninhalt A dieses Stückes sein soll. Dazu benutzt man einen naheliegenden Ansatz: Man berechnet den Flächeninhalt zunächst nur approximativ, verbessert diese Approximation immer mehr und geht dann zum Grenzwert über.

Dazu teilt man das Intervall $[a, b]$ in n gleich große Teilintervalle. Die Teilungspunkte sind also

$$a, \; a + \frac{b - a}{n}, \; a + 2\frac{b - a}{n}, \; a + 3\frac{b - a}{n}, \ldots, b.$$

Dann approximiert man A, indem man die Fläche ersetzt durch n parallele Streifen der Breite $\frac{b-a}{n}$. Die Höhe jedes Streifens ist der Wert von $f(x)$ im rechten Eckpunkt (vgl. Abb. 18.4). Der Flächeninhalt A_n ist dann also mit $c = \frac{1}{n}(b - a)$

$$A_n = f(a + c)c + f(a + 2c)c + \ldots + f(b)c$$

oder unter Verwendung des Summenzeichens $\sum$, das wir an sich in diesem Buch vermeiden wollen,

$$(*) \quad A_n = \sum_{i=1}^{n} f(a + ic)c \, .$$

Wird n immer größer, so approximiert A_n die gesuchte Fläche immer besser und man *definiert* deshalb

$$A = \int_a^b f(x)dx = \lim_{n \to \infty} A_n =$$

$$\lim_{n \to \infty} \sum_{i=1}^{n} f(a + i\frac{b-a}{n})(\frac{b-a}{n}) = \lim_{n \to \infty} \sum_{i=1}^{n} f(a + ic)c \, .$$

Diese Formel erklärt die merkwürdige Bezeichnung

$$\int_a^b f(x)dx \, .$$

$f(a + ic)$ durchläuft Funktionswerte $f(x)$, c ist die Differenz aufeinanderfolgender x-Werte, deshalb dx. Es läuft die Variable x von a bis b, also

$$A = \sum_a^b f(x)dx \, .$$

In Leibniz' Handschrift wurde dann noch aus dem $\sum$-Zeichen ein Integralzeichen $\int$.

Die Formel $(*)$ kann benutzt werden, um den Flächeninhalt approximativ numerisch zu berechnen. Um sie anzuwenden, muß man nur $f(x)$ an den Zwischenstellen, aber nicht die Stammfunktion $F(x)$ kennen. Es gibt aber sehr viel bessere numerische Verfahren als $(*)$. Die effiziente numerische Bestimmung von Flächeninhalten und Integralen ist von großer praktischer Bedeutung, z. B. in der Technik. Es gibt umfangreiche Theorien, die sich damit beschäftigen. Wir erwähnen den allerersten Anfang dieser Theorie, die sogenannte Simpsonsche Formel. Es ist

$$\int_a^b f(x)dx \approx \frac{b-a}{6}(f(a) + 4f(\frac{a+b}{2}) + f(b)) \, .$$

Es ist dies die „beste" Formel, die man angeben kann, wenn man nur die Funktionswerte in a, b und den Mittelpunkt $\frac{1}{2}(a + b)$ kennt oder benutzen will.

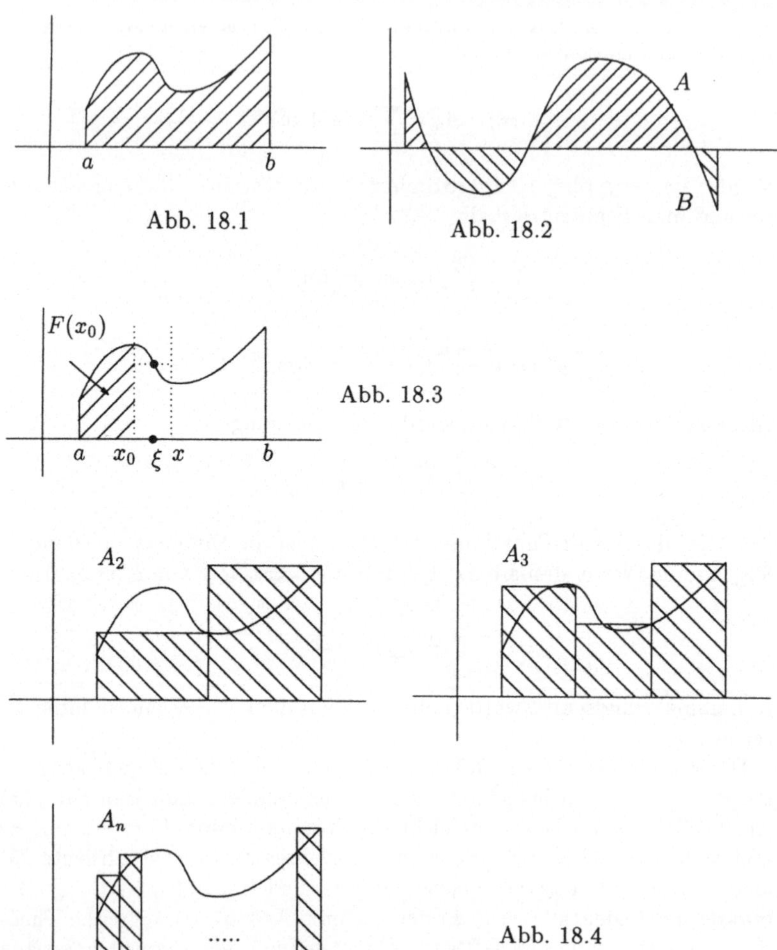

Abb. 18.1

Abb. 18.2

Abb. 18.3

Abb. 18.4

19 Die elementaren Funktionen

In diesem Kapitel besprechen wir zum Abschluß der Differential- und Integralrechnung und des Stoffes dieses Buches die sogenannten *elementaren transzendenten* Funktionen. Es sind dies die *Exponential-Funktion* $f(x) = a^x$, die *Logarithmus-Funktion* und die *trigonometrischen Funktionen* wie $\sin(x)$, $\cos(x)$. Diese Funktionen sind von fundamentaler Bedeutung und werden in Naturwissenschaften und Technik ständig gebraucht. Natürlich können wir sie nicht erschöpfend besprechend; wir beschränken uns auf das Wichtigste, wobei nicht alle Aussagen vollständig bewiesen werden.

19.1 Die Exponential-Funktion

Nachdem man den Begriff der Ableitung einer Funktion eingeführt hat, ist es vielleicht naheliegend, folgende Frage zu stellen: Gibt es eine Funktion $f(x)$, die gleich ihrer Ableitung ist, also $f'(x) = f(x)$?

Die Antwort ist: Ja, es gibt eine solche Funktion, und zwar die Exponentialfunktion $f(x) = e^x$. Dabei ist e die sogenannte Eulersche Zahl $2,71828\ldots$ Wir erinnern daran, daß die Ableitung geometrisch den Anstieg angibt. $f'(x) = f(x)$ bedeutet also: Ist $f(x)$ groß, so steigt die Kurve dort sehr steil an, ist $f(x)$ positiv, aber sehr klein, so ist der Anstieg dort sehr flach.

Wir erklären die Exponential-Funktion jetzt etwas genauer. Es sei zunächst a eine reelle Zahl größer als 1. Für *jede* reelle Zahl x ist die Potenz a^x definiert (vgl. 2.3). Die Funktion

$$f : \mathbb{R} \to \mathbb{R}, \ f(x) = a^x$$

heißt Exponential-Funktion zur Basis a. (Man verwechsele sie nicht mit den Potenz-Funktionen $f(x) = x^a$, z. B. $x^2, x^3, \sqrt{x}$!) Folgende Eigenschaften sind grundlegend:

1) $f(x) = a^x$ ist monoton wachsend.
   Beweis: Ist $x < y$, so ist (nach 2.4)

$$a^y = a^{x+(y-x)} = a^x a^{y-x}.$$

Wegen $a > 1$ ist $a^{y-x} > 1$, also $a^y > a^x$.

2) Für $x = 1, 2, 3, \ldots$ sind die Funktionswerte $f(x) = a, a^2, a^3, \ldots$. Sie wachsen also sehr rasch (nämlich „exponentiell"). Für $x = -1, -2, -3, \ldots$ sind die Funktionswerte $\frac{1}{a}$, $\frac{1}{a^2}$, $\frac{1}{a^3}, \ldots$; für $x \to -\infty$ fallen sie also sehr rasch „asymptotisch" gegen 0.

3) In den Naturwissenschaften werden solche Funktionen ständig gebraucht, um (exponentielle) Wachstumsvorgänge zu beschreiben. Ist zum Beispiel $f(t)$ die Größe einer Zellkultur zur Zeit t, die zur Zeit $t = 0$ die Größe $f(0) = c$ hat und die in der Zeiteinheit $t = 1$ immer um den Faktor a wächst (zum Beispiel würde ein Wachstum von 5% in der Zeiteinheit den Faktor $a = 1,05$ bedeuten), so ist

$$f(t) = ca^t.$$

Auch die Vermehrung eines Kapitals mit Zinseszins gehört hierzu.

4) Man kann auch ganz analog $f(x) = b^x$ für $0 < b < 1$ betrachten. Ist $b = \frac{1}{a}$ mit $a > 1$, so ist

$$b^x = \left(\frac{1}{a}\right)^x = \frac{1}{a^x}.$$

b^x ist also einfach der Kehrwert der zunächst betrachteten Funktion. Für $x \to \infty$ fällt sie also monoton gegen 0. Diese Funktion beschreibt *Absorptions-* und *Zerfallsprozesse*, bei denen die zeitliche Veränderung proportional zum Funktionswert ist (etwa radioaktiver Zerfall).

5) Die Funktion $f(x) = a^x$ ist differenzierbar. Dies werden wir nicht beweisen, aber unter Annahme der Differenzierbarkeit eine Formel für die Ableitung herleiten. Sei $c = f'(0)$ also der Anstieg der Tangente bei $x = 0$, $f(x) = a^0 = 1$. Dann gilt nach 17.2 für die Ableitung

$$
\begin{aligned}
f'(x) &= \lim_{h \to 0} \frac{a^{x+h} - a^x}{h} \\[2mm]
&= \lim_{h \to 0} \frac{a^x(a^h - 1)}{h} \\[2mm]
&= a^x \lim_{h \to 0} \frac{a^h - 1}{h} \\[2mm]
&= a^x f'(0) \\[2mm]
&= ca^x \, .
\end{aligned}
$$

Es gilt also $f'(x) = cf(x)$. Die Ableitung ist also proportional zu $f(x)$. Ohne Begründung sei gesagt, daß für den Proportionalitätsfaktor c gilt $c = \ln(a)$. Dabei ist ln der natürliche Logarithmus (vgl. 19.2). Speziell für $e = 2,71828\ldots$ ist $\ln(e) = 1$ und

$$
(e^x)' = e^x.
$$

Statt e^x ist auch die Bezeichnung $\exp(x)$ üblich. Die Funktion hat den in Abb. 19.1 skizzierten Graphen.

19.2 Die Logarithmus-Funktion

Die Exponential-Funktion $f(x) = a^x$ ist für $a > 1$ streng monoton wachsend und nimmt alle Werte $y > 0$ an. Die *Logarithmus*-Funktion wird definiert als *Umkehrfunktion* zu a^x. Dies bedeutet das folgende:

Ist $y = a^x$, so ist x der Logarithmus von y zur Basis a; Schreibweise

$$
x = \log_a(y).
$$

Oder anders ausgedrückt: Ist $y > 0$, so ist $x = \log_a(y)$ die eindeutig bestimmte Zahl mit

$$
y = a^x = a^{\log_a(y)}.
$$

Ist $a = 10$, so spricht man von dem *dekadischen* Logarithmus; ist $a = 2$, so handelt es sich um den *dyadischen* Logarithmus, und für die Euler-sche Zahl $a = e = 2,71828\ldots$ haben wir den sogenannten *natürlichen* Logarithmus; letzterer wird oft auch mit $\ln(x)$ statt $\log_e(x)$ bezeichnet. Beispiele:

$$
\log_{10}(100) = 2 \qquad \text{da } 10^2 = 100,
$$

$$\log_2(\frac{1}{16}) = -4 \qquad \text{da} \ \ 2^{-4} = \frac{1}{16},$$

$$\log_a(1) = 0 \qquad \text{da} \ \ a^0 = 1.$$

Folgende Formeln sind nur noch einmal eine Umformulierung der Definition

$$x = a^{\log_a(x)} \quad \log_a(a^x) = x. \tag{19.2.1}$$

Wir besprechen jetzt die wichtigsten Eigenschaften der Logarithmus-Funktion. Sie hat den in Abb. 19.1 skizzierten Graphen.

1) Es gilt die *Funktional-Gleichung*

$$\log_a(xy) = \log_a(x) + \log_a(y) \tag{19.2.2}$$

für alle x, y.

Beweis: Mittels 19.2.1 ergibt sich

$$\begin{aligned}
\log_a(xy) &= \log_a(a^{\log_a(x)} a^{\log_a(y)}) \\
&= \log_a(a^{\log_a(x) + \log_a(y)}) \\
&= \log_a(x) + \log_a(y).
\end{aligned}$$

Es ist weiterhin

$$\log_a(\frac{1}{x}) = -\log_a(x), \ \log_a(\frac{x}{y}) = \log_a(x) - \log_a(y). \tag{19.2.3}$$

Das folgt wegen

$$0 = \log_a(1) = \log_a(x \cdot \frac{1}{x}) = \log_a(x) + \log_a(\frac{1}{x}).$$

Anwendung des Logarithmus verwandelt also eine Multiplikation bzw. Division in eine Addition bzw. Subtraktion. Da letztere viel leichter numerisch anzuführen sind, ermöglicht der Übergang zu Logarithmen eine erhebliche Vereinfachung numerischer Rechnungen. Dies war das Grundprinzip der *Logarithmentafel* und des *Rechenschiebers*, die heute im Zeitalter des Taschenrechners außer Gebrauch gekommen sind. Eine Logarithmentafel ist im Prinzip folgendermaßen aufgebaut: Zu jeder Zahl, z. B. zwischen 1 und 10000, ist in einer Tabelle der dekadische Logarithmus angegeben. Will man zwei solche Zahlen multiplizieren, sucht man ihre Logarithmen, addiert diese und sucht dann in der Tabelle zu diesem Logarithmus die zugehörige Zahl, den sogenannten Numerus, den man z. B. auf 4 (oder mehr, je nach Tafel) Stellen genau ablesen kann. Dabei ist zu beachten, daß der ganzzahlige Anteil eines Logarithmus plus 1 genau die Zahl der Stellen vor dem Komma angibt.

Beispiel:

$$x = 5483 \quad \log_{10} x = 3,7390 \,, \; y = 8888 \quad \log_{10} y = 3,9488$$

$$\log_{10} x + \log_{10} y = 7,6878 \,,$$

Numerus also 8-stellig

$$\text{Numerus } xy = 48.730.000$$

(genauer Wert 48.732.904).

2) Speziell für den natürlichen Logarithmus gilt $x = e^{\ln x}$. Auf der rechten Seite steht die Komposition $f(g(x))$ mit $g(x) = \ln x$, $f(x) - e^x$. Differenziert man nach der Kettenregel (vgl. 17.4), so erhält man

$$1 = e^{\ln x} \ln'(x) = x \ln'(x)$$

$$\ln'(x) = \frac{1}{x}.$$

Dies ist ein sehr bemerkenswertes Resultat: Für alle reellen $n \neq -1$ ist die Stammfunktion von x^n die Funktion $\frac{1}{n+1} x^{n+1}$. Nur die Stammfunktion von $x^{-1} = \frac{1}{x}$ kann nicht nach dieser Formel berechnet werden. Diese Lücke haben wir jetzt geschlossen mit dem Resultat, daß die Stammfunktion von $\frac{1}{x}$ eine andere interessante Funktion ist, nämlich der natürliche Logarithmus.

3) Man kann diese letzte Tatsache als Ausgangspunkt für eine ganz andere Begründung der Logarithmus- und Exponential-Funktion nehmen. Dann geht man in folgenden Schritten vor:

a) Man *definiert* eine Funktion, die man natürlichen Logarithmus *nennt*, durch folgendes Integral

$$\ln(x) := \int_1^x \frac{1}{t} \, dt \,. \tag{19.2.4}$$

(Weil die Variable x die obere Grenze ist, müssen wir die Variable des Integranden anders bezeichnen, hier mit t.) Über diese Funktion von x wissen wir zunächst nichts; wir müssen ihre Eigenschaften untersuchen.

b) Offensichtlich ist $\ln(1) = 0$ und wegen $\frac{1}{t} > 0$ ist $\ln(x)$ streng monoton wachsend. Ungefähre numerische Berechnung zeigt, daß sie einen Verlauf wie in Abb. 19.1 hat. Es ist unmittelbar klar, daß für $n \in \mathbb{N}$ gilt

$$\ln(n) = \int_1^n \frac{1}{t}\,dt > \frac{1}{2} + \frac{1}{3} + \ldots + \frac{1}{n}$$

also $\ln(3) > 1$. Es gibt also eine eindeutig bestimmte Zahl e mit

$$\ln(e) = \int_1^e \frac{1}{t}\,dt = 1\,.$$

Numerische Berechnung würde zeigen $e = 2,71828\ldots$.

Allereinfachste Anwendung der Substitutionsregel aus 18.1 auf 19.2.4 und zwar mit $f(t) = \frac{1}{t}$, $g(t) = yt$, also $g'(t) = y$ und $a = 1$, $b = x$ ergibt

$$\ln(x) = \int_1^x \frac{1}{t}\,dt = \int_1^x \frac{1}{yt}\,y\,dt = \int_y^{yx} \frac{1}{t}\,dt\,.$$

Addition von

$$\ln(y) = \int_1^y \frac{1}{t}\,dt$$

ergibt

$$\ln(y) + \ln(x) = \int_1^y \frac{1}{t}\,dt + \int_y^{yx} \frac{1}{t}\,dt = \int_1^{xy} \frac{1}{t}\,dt$$

$$= \ln(xy)\,.$$

Damit ist die Funktional-Gleichung 18.2.2 auch aus der neuen Definition abgeleitet.

4) Die Exponential-Funktion $\exp(x)$ wird nun *definiert* als die Umkehrfunktion zu $\ln x$, also

$$\ln(\exp(x)) = x\,, \quad \exp(\ln x) = x$$

für alle x, bzw. alle positiven x.

Aus der Funktional-Gleichung des Logarithmus ergibt sich nun für die (neu definierte) Exponentialfunktion:

$$\begin{aligned}
\exp(x+y) &= \exp(\ln(\exp(x)) + \ln(\exp(y))) \\
&= \exp(\ln(\exp(x) \cdot \exp(y))) \\
&= \exp(x) \cdot \exp(y).
\end{aligned}$$

Weiterhin ist

$$\exp(1) = \exp(\ln(e)) = e.$$

Also $\exp(2) = \exp(1+1) = e \cdot e = e^2$, $\exp(n) = e^n$ und wie in 2.4

$$\exp(x) = e^x$$

für alle x aus $\mathbb{N}$, aus $\mathbb{Z}$, aus $\mathbb{Q}$ und schließlich aus $\mathbb{R}$. Die als Umkehrfunktion von $\ln(x) = \int_1^x \frac{1}{t}\,dt$ definierte Exponential-Funktion $\exp(x)$ *ist* also die Exponentialfunktion e^x.

19.3 Trigonometrische Funktionen

Die trigonometrischen Funktionen haben wir schon in 8.2 kennengelernt. Wir werden sie jetzt etwas systematischer behandeln.

Als erstes müssen wir das sogenannte *Bogenmaß* für Winkel erklären. In der Mathematik mißt man Winkel zweckmäßigerweise nicht in Grad, sondern durch die Länge des entsprechenden Kreisbogens in einem Kreis mit Radius 1 („Einheitskreis"). Der Umfang eines Kreises mit Radius 1 ist 2π. Einem Grad entspricht also das Bogenmaß $\frac{1}{180}\pi$; ein rechter Winkel ist $\frac{1}{2}\pi$, ein Winkel von $60°$ ist $\frac{1}{3}\pi$ usw.

Die Funktionen $\sin(x)$, $\cos(x)$, $\tan(x)$ sind jetzt im Prinzip wie in 8.2 erklärt. Wir betrachten den Kreis mit Radius 1 um den Nullpunkt in der Ebene $\mathbb{R}^2$. Ist x positiv, so wird vom Punkt $(1,0)$ ausgehend in positivem Drehsinn (also entgegen dem Uhrzeiger) ein Bogen der Länge x abgetragen. Der Endpunkt dieses Bogens hat Koordinaten $(\cos(x), \sin(x))$ (Abb. 19.2). Dabei ist zugelassen, daß $x > 2\pi$ ist; dann wird der Bogen x evtl. mehrfach um den Einheitskreis „herumgewickelt". Für negatives x wird der Bogen in entgegengesetzter Richtung abgetragen.

Es ist

$$\sin(0) = 0\,,\ \sin(\frac{\pi}{4}) = \frac{1}{2}\sqrt{2},\ \sin(\frac{\pi}{3}) = \frac{1}{2}\sqrt{3},\ \sin(\frac{\pi}{2}) = 1$$

$$\cos(0) = 1\,,\ \cos(\frac{\pi}{4}) = \frac{1}{2}\sqrt{2},\ \cos(\frac{\pi}{3}) = \frac{1}{2},\ \cos(\frac{\pi}{2}) = 0$$

usw. Die Funktionen $\sin(x)$, $\cos(x)$ sind *periodisch* mit der Periode 2π; das heißt

$$\sin(x + 2\pi) = \sin(x), \quad \cos(x + 2\pi) = \cos(x),$$

wie sich unmittelbar aus der Definition ergibt. Weiter gilt

$$\sin(-x) = -\sin(x), \quad \cos(-x) = \cos(x), \quad \cos(x) = \sin(x + \frac{\pi}{2}).$$

Die Funktionen $\sin(x)$, $\cos(x)$ haben den in Abb. 19.3 gezeigten Verlauf. Man benutzt sie, um periodische Vorgänge zu beschreiben, insbesondere periodische Schwingungen. Z. B. folgt der Spannungsverlauf eines Wechselstroms einer Sinus-Funktion.

Für die Ableitungen gelten folgende Regeln

$$\sin'(x) = \cos(x), \quad \cos'(x) = -\sin(x).$$

Die Ableitung von $\tan(x) = \sin(x)/\cos(x)$ kann dann nach der Quotientenregel ermittelt werden. Es ergibt sich

$$\tan'(x) = \frac{1}{\cos^2(x)}.$$

Um $\sin'(x) = \cos(x)$ zu beweisen, gehen wir so vor: Zunächst ist $\cos'(0) = 0$, denn die Cosinus-Funktion hat bei $x = 0$ ein Maximum (die x-Koordinate eines Punktes auf dem Einheitskreis kann offenbar nicht größer als 1 sein). Weiterhin ist für kleine Bogenlängen x ungefähr $\sin x \approx x$. Genauer ist

$$\lim_{x \to 0} \frac{\sin(x)}{x} = 1.$$

(Einen exakten Beweis dafür geben wir nicht.) Diese Formel besagt

$$\sin'(0) = \lim_{x \to 0} \frac{\sin(x) - \sin(0)}{x - 0} = 1.$$

Mit diesen Hilfsmitteln können wir die Ableitung berechnen

$$\sin'(x) = \lim_{h \to 0} \frac{\sin(x + h) - \sin(x)}{h}.$$

Auf $\sin(x + h)$ wenden wir das Additionstheorem an und erhalten

$$\frac{1}{h}(\sin(x + h) - \sin(x)) = \frac{1}{h}(\sin(x)\cos(h) + \cos(x)\sin(h) - \sin(x))$$

$$= \sin(x)\frac{\cos(h) - 1}{h} + \cos(x)\frac{\sin(h)}{h}\,.$$

Der Grenzübergang $h \to 0$ ergibt

$$\sin'(x) = \sin(x)\cos'(0) + \cos(x)\sin'(0) = \cos(x)\,,$$

q.e.d. (quod erat demonstrandum).

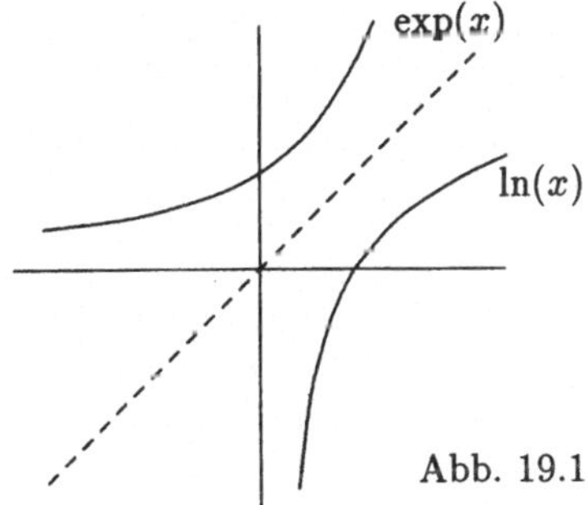

Abb. 19.1

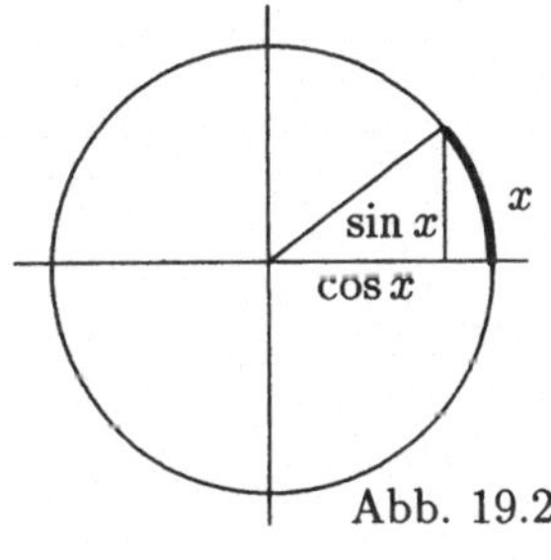

Abb. 19.2

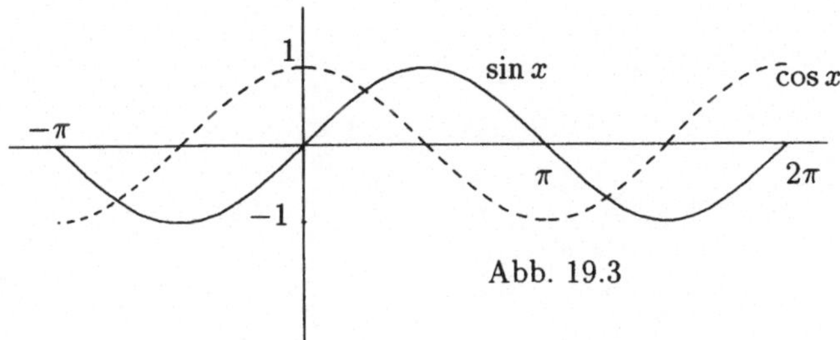

Abb. 19.3

Wir hatten die Additionstheoreme für den Sinus nicht bewiesen. Das geschieht mittels Abbildung 19.4. Der Leser möge sich die Einzelheiten als Übungsaufgabe überlegen.

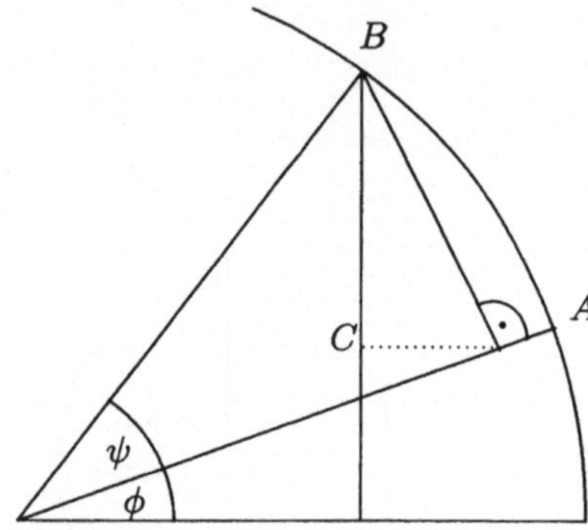

Abb. 19.4

20 Was ist ein mathematischer Satz und ein mathematischer Beweis?

Eine der wichtigsten und charakteristischsten Eigenschaften der Mathematik ist ihre Präzision: Mathematische Begriffe müssen klar und eindeutig *definiert* werden und mathematische Sachverhalte - sogenannte *Sätze* - müssen *bewiesen* werden. Was ist nun ein Beweis? Ein Beweis einer mathematischen Aussage oder Behauptung ist die logische Ableitung dieser Aussage aus bereits bewiesenen Aussagen. Diese Erklärung ist natürlich unbefriedigend, denn die „bereits bewiesenen Aussagen" müssen ja auch aus schon bewiesenen Aussagen abgeleitet werden, usw. usw. Man muß bei diesem Prozeß der Deduktion offenbar einen „Anfang" haben, Aussagen, deren Richtigkeit feststeht, und die nicht mehr bewiesen werden müssen. Solche Aussagen heißen *Axiome*.

Der Aufbau einer mathematischen Theorie beginnt also mit der Formulierung von Axiomen, Grundtatsachen, deren Richtigkeit postuliert wird. Durch logisches Schließen werden aus diesen Axiomen weitere Aussagen - mathematische Sätze - abgeleitet.

Das klingt recht formal und abstrakt - und ist es auch! Der lückenlose Aufbau einer mathematischen Theorie aus Axiomen gehört nicht zum Schulstoff, sondern in das Mathematikstudium. Deshalb werden wir im folgenden auch nur ein paar Beispiele behandeln, die zeigen sollen, was ein Beweis ist und wie man beim Beweisen vorgeht und wie sorgfältig und vorsichtig man beim Aufbau einer Theorie vorgehen muß.

Bevor wir damit beginnen, muß noch auf eine andere Schwierigkeit hingewiesen werden: Selbst in den Axiomen, deren Gültigkeit ja nicht mehr „hinterfragt" wird, kommen mathematische Begriffe vor, z. B. Mengen, Abbildungen, natürliche Zahlen, Punkte, Geraden usw. Oft wird die Definition solcher Begriffe auf andere Begriffe zurückgeführt, aber auch das ist nicht unbegrenzt möglich. Um überhaupt einen Anfang machen zu können, ist es erforderlich, gewisse Grundbegriffe ohne weitere Erläuterung und Erklärung zu verwenden. Das Entscheidende dabei ist, daß diese Grundbegriffe im wesentlichen Worthülsen sind und die damit bezeichneten mathematischen Gegenstände *nur* die Eigenschaften haben, die in den Axiomen formuliert sind.

Wir besprechen jetzt einige Beispiele. Dabei geht es uns nicht (oder nur nebenbei) um den Inhalt, sondern um das formale Vorgehen.

Bereits im Altertum war bekannt, daß es unendlich viele Primzahlen gibt. Also:

Satz. *Es gibt unendlich viele Primzahlen.*

Hier muß man sich vor allem zunächst klarmachen, was „unendlich" heißt. Unendlich ist das Gegenteil - die logische Verneinung - von endlich. Die Behauptung besagt also, daß es nicht nur endlich viele Primzahlen gibt, oder auch daß die Folge der Primzahlen $2, 3, 5, 7, \ldots$ nicht mit irgendeiner „größten" Primzahl p aufhört, oder auch, daß es zu beliebig vielen Primzahlen $p_1, \ldots, p_n$ immer noch eine Primzahl p gibt, die von $p_1, \ldots, p_n$ verschieden ist. In dieser letzten Form beweisen wir jetzt den Satz:

Beweis: Wir betrachten die natürliche Zahl

$$a = p_1 \cdot \ldots \cdot p_n + 1 \,.$$

Diese Zahl ist größer als alle $p_1, \ldots, p_n$, also jedenfalls $a \neq p_1, \ldots, a \neq p_n$. Ist a (zufälligerweise) eine Primzahl, so hat man eine weitere Primzahl gefunden. Ist a keine Primzahl, so hat a jedenfalls einen Primteiler p, also $a = pb$. Dieses p ist von $p_1, \ldots, p_n$ verschieden, denn a ist nicht durch $p_1, \ldots, p_n$ teilbar, weil bei der Division durch eine dieser Zahlen immer Rest 1 bleibt. In jedem Fall existiert also eine Primzahl verschieden von $p_1, \ldots, p_n$.

Der Leser möge sich überlegen, auf welche „bereits bewiesenen" Aussagen die Aussage zurückgeführt wurde. (Offenbar auf einige Aussagen über die Teilbarkeit von natürlichen Zahlen.)

Wir betrachten jetzt das Beispiel, das schon in Kapitel 1 vorkam.

Satz. *Die Summe aller ungeraden Zahlen (bis zu einer bestimmten ungeraden Zahl) ist immer eine Quadratzahl.*

Bevor wir diesen Satz diskutieren und beweisen, wollen wir ihn etwas genauer formulieren. Jede ungerade Zahl ist von der Form $2n - 1$, wobei

n eine (beliebige) natürliche Zahl ist. Wir betrachten also Summen der Form

$$1 + 3 + 5 + \ldots + (2n - 1)$$

für ein passendes n. Jetzt können wir präziser sagen:

Satz. *Es gilt für jede natürliche Zahl n*

$$1 + 3 + 5 + \ldots + (2n - 1) = n^2 \, .$$

(Die Summe ist also wirklich eine Quadratzahl; diese wird sogar explizit angegeben.)

Das Entscheidende an diesem Satz ist, daß die Aussage für *alle* natürlichen Zahlen n gilt, für $n = 5$ oder 100 oder 27849 genauso wie für $n = 10^{10000}$. Wie soll man dann so etwas beweisen? Man kann ja die Behauptung nicht „nachrechnen", oder genauer nur für einzelne n nachrechnen, z. B.

$$\begin{aligned}
1 + 3 + 5 &= 9 \\
1 + 3 + 5 + 7 &= 16 \, ,
\end{aligned}$$

aber niemals für alle (unendlich viele!) n. Hat man die Behauptung (etwa mit einem Computer) für alle n bis z. B. $n = 1.000.000$ nachgerechnet und festgestellt, daß sie immer richtig ist, so ist man von der Richtigkeit überzeugt, aber das ist kein mathematischer Beweis. Es scheint jetzt vielleicht nahezu undenkbar, daß überhaupt eine Beweismöglichkeit existiert, da immer ein „unendliches Problem" übrigbleibt. Der Trick besteht darin, daß man die „Unendlichkeit" gewissermaßen schon in den Axiomen „einfängt". Für die natürlichen Zahlen gilt nämlich folgendes Axiom, das sogenannte *Induktions-Axiom*:

Es sei $M \subset \mathbb{N}$ eine Teilmenge der natürlichen Zahlen mit folgenden beiden Eigenschaften

    1) $1 \in M$,

    2) gilt $n \in M$, so gilt auch $n + 1 \in M$.

Dann ist $M = \mathbb{N}$.

(Dieser Sachverhalt erscheint höchst plausibel. Nach 1) gilt $1 \in M$. Nach 2) gilt dann auch $2 = 1 + 1 \in M$, nach 2) gilt dann $3 = 2 + 1 \in M$, nach 2) gilt $4 = 3 + 1 \in M$ usw., mit jeder Zahl gehört auch die nächste zu M, also überhaupt alle.)

Mit Hilfe des Induktions-Axiomes wird jetzt der letzte Satz bewiesen.

Beweis: Es sei M die Menge aller natürlichen Zahlen n, so daß die Formel

$$1 + 3 + \ldots + (2n - 1) = n^2 \qquad (*)$$

richtig ist. Dann gilt $1 \in M$, denn für $n = 1$ reduziert sich $(*)$ auf die richtige Gleichung

$$1 = 1^2 \,.$$

M erfüllt also die erste Bedingung des Induktions-Axiomes. Es ist die zweite Bedingung zu überprüfen. Es sei also $n \in M$, d. h. es gilt die Gleichung $(*)$

$$1 + 3 + \ldots + (2n - 1) = n^2 \,.$$

Jetzt addieren wir auf beiden Seiten $2n + 1$

$$1 + 3 + \ldots + (2n - 1) + (2n + 1) = n^2 + 2n + 1 \,.$$

Nach der binomischen Formel steht rechts das Quadrat $(n + 1)^2$, also

$$1 + 3 + \ldots + 2(n + 1) - 1 = (n + 1)^2 \,.$$

Die Formel $(*)$ gilt also auch für die natürliche Zahl $n + 1$. Es ist also die zweite Bedingung des Induktions-Axioms erfüllt und somit $M = \mathbb{N}$. Die Gleichung $(*)$ gilt also für jede natürliche Zahl n.

21 Überblick: Geschichte der Mathematik

Zum Grundwissen über Mathematik gehört auch eine ganz ungefähre Kenntnis der historischen Entwicklung dieses Gebietes. Wir versuchen, in diesem Kapitel in wenigen Sätzen einen kurzen Überblick zu geben.

Die wichtigsten Sätze der Geometrie (insbesondere aus der Dreiecksgeometrie und der Lehre von den Kegelschnitten) sind bereits im Altertum bekannt. Euklid (ca. 300 v. Chr.) ist sich auch der Notwendigkeit (oder Zweckmäßigkeit) eines systematischen mit Axiomen beginnenden Aufbaus der Mathematik bewußt. Archimedes (ca. 287-212 v. Chr.) kann mathematische Methoden auf Probleme der Mechanik und Technik anwenden und befaßt sich z. B. mit der Berechnung der Volumina spezieller Körper (Anfänge der „Integralrechnung"). Ca. 250 n. Chr. arbeitet Diophant an z. T. tiefliegenden zahlentheoretischen und algebraischen Problemen. Das Rechnen mit (Dezimal-)Zahlen ist hauptsächlich im indischen und arabischen Kulturkreis entstanden.

In der italienischen Renaissance (15. und 16. Jahrhundert) wird die Algebra weiterentwickelt und insbesondere gelingt die Lösung der Gleichungen 3. und 4. Grades. Etwas später führt Vieta (1540 - 1603) den Gebrauch von Buchstaben und das „symbolische" Rechnen in die Mathematik ein. Damit ist die Grundlage für die Entwicklung wirklicher mathematischer Theorien - im Gegensatz zu der Untersuchung von Einzelproblemen - geschaffen. Diese Entwicklung beginnt dann in großem Umfang im 17. Jahrhundert, in dem mathematische Theorien geschaffen werden, die z. T. schon über den Schulstoff hinausgehen. Das bedeutendste Ereignis ist die Entwicklung der Differential- und Integralrechnung vor allem durch Newton (1642 - 1727) und Leibniz (1646 - 1716), an der aber auch viele andere Wissenschaftler beteiligt sind. Dies ermöglicht auch in großem Umfang die Anwendung mathematischer Methoden auf Probleme der Naturwissenschaften, insbesondere der Physik. Galilei (1564 - 1642) sagte zu Recht: „Das Buch der Natur ist in der Sprache der Mathematik geschrieben". Weitere mathematische Theorien, deren Anfänge aus diesem Jahrhundert stammen, sind Analytische Geometrie (Descartes 1596 - 1650, Fermat 1601 - 1665), Zahlentheorie (Fermat), Wahrscheinlichkeitstheorie und Kombinatorik (Pascal 1623 - 1662).

Das folgende 18. Jahrhundert steht vor allem im Zeichen des weiteren Ausbaus der Analysis und ihrer Anwendungen. Differential- und Integralrechnung erweitern und verzweigen sich zu einer Vielzahl von Gebieten: Funktionen mehrerer Veränderlicher, Differentialgleichungen, Variationsrechnung, Untersuchung spezieller Funktionen, Differentialgeometrie, Ausbau der Integrationstheorie u. a. Wesentlich beteiligt daran sind vor allem Jakob Bernoulli (1654 - 1705), Johann Bernoulli (1667 - 1748), Euler (1707 - 1783), Lagrange (1736 - 1813) und Laplace (1749 - 1827). Die Mechanik wird zu einer völlig mathematisierten Disziplin.

Mit Beginn des 19. Jahrhunderts wird die Entwicklung inhaltlich dann so vielfältig, daß es kaum noch möglich ist, sie in wenigen Worten zu umreißen. Anders als in praktisch jeder anderen wissenschaftlichen Disziplin geht das, was zu Beginn des 19. Jahrhunderts in der Mathematik erforscht wird, weit über den heutigen Schulstoff und auch die Inhalte des Grundstudiums hinaus. Am Anfang dieses Jahrhunderts steht C.F. Gauß (1777 - 1855), der auf den meisten mathematischen Gebieten arbeitet und insbesondere der Zahlentheorie und Differentialgeometrie, sowie Methoden des numerischen Rechnens enorme Impulse gibt. Große neue Gebiete, die im 19. Jahrhundert entstehen, sind vor allem die Funktionentheorie (Cauchy 1789 - 1857, Abel 1802 - 1829, Jacobi 1804 - 1875, Weierstraß 1815 - 1897, Riemann 1826 - 1866) und algebraische Zahlentheorie und abstrakte Algebra (Gauß, Galois 1811 - 1832, Kummer 1810 - 1893, Kronecker 1823 - 1891, Dedekind 1831 - 1916).

Methodisch kommt es in diesem Jahrhundert ebenfalls zu wesentlichen Fortschritten. Das Bedürfnis nach einer exakten Grundlegung der gesamten Mathematik wurde immer stärker. Grundlegende Dinge wie reelle Zahlen, Stetigkeit, viele abstrakte algebraische Grundbegriffe, der Formalismus der Mengenlehre und die Anfänge der mathematischen Logik werden in einem z. T. mühevollen historischen Prozeß erarbeitet. Um die Jahrhundertwende beginnt ein weitgehender Neuaufbau auf axiomatischer Grundlage mit präzise definierten Begriffen und mit der von Cantor (1845 - 1918) begründeten Mengenlehre als Fundament. Z. B. wird die Lineare Algebra systematisch entwickelt und durchsetzt mit ihrem Formalismus und ihrer Denkweise die gesamte Mathematik (bis in die Quantenmechanik).

Im 20. Jahrhundert werden die großen Gebiete der Reinen oder Theoretischen Mathematik in ungeahnter Tiefe und Breite ausgebaut. Ganz neue Gebiete entstehen: Mathematische Logik, Topologie, Komplexe Analysis, Funktionalanalysis. Noch bedeutsamer für Nachbarwissenschaften und Anwendungen ist aber die Entwicklung der Angewandten Mathematik, die im wesentlichen erst nach der Jahrhundertwende einsetzt: Wahrscheinlichkeitstheorie, Statistik, Numerische Mathematik, Optimierung werden eigenständige Gebiete, die immer tiefer in Nachbardisziplinen eindringen. Seit etwa 1955 und verstärkt seit etwa zwanzig Jahren hat der Siegeszug des Computers eine Revolution im Hinblick auf Anwendungen, numerisches und „symbolisches" Rechnen ausgelöst. Die Nachbardisziplin Informatik ist ganz neu entstanden und zu einer selbständigen - wenn auch in ihrer Denkweise mathematischen - Wissenschaft geworden.

Eins unterscheidet die Mathematik in ihrer historischen Entwicklung von allen anderen Wissenschaften, selbst den „exakten" Naturwissenschaften: Was einmal entdeckt und als richtig erkannt wurde, blieb richtig und von Wert für alle Zeiten. Revolutionen wie in der Biologie (Darwinismus, Entdeckung der DNA) oder Physik (Relativitätstheorie, Quantentheorie), die zu einem völligen oder ganz weitgehenden Umdenken zwangen, hat es in der Mathematik nie gegeben. Es wäre eine geradezu groteske Idee, heute einen Biologen oder Chemiker wie vor 120 Jahren auszubilden; bei einem Mathematiker ginge das zur Not. Dies bedeutet nicht, daß es in der Mathematik nicht auch gelegentlich Modeerscheinungen und meistens bald im Sande verlaufende Fehlentwicklungen gegeben hat. Im vorigen Jahrhundert waren es die Quaternionen, gegen Ende des 19. Jahrhunderts die im Formalismus erstarrte Invariantentheorie, vor dreißig Jahren eine Überbetonung abstrakter Axiomatik; dann die „Katastrophentheorie" und als neuestes die sogenannte „Chaos-Theorie".

Sachwortverzeichnis